新型可持续海洋骨料混凝土组合结构——钢管珊瑚混凝土组合柱轴压性能

高屹　韦灼彬　著

天津大学出版社
TIANJIN UNIVERSITY PRESS

内 容 提 要

基于新型可持续海洋骨料混凝土在结构工程中应用的必要性,本书提出钢管外包聚合物碳纤维布(CFRP)、内填珊瑚骨料混凝土的新型组合结构受压构件构造形式,以综合集成的方式提高构件的力学性能。

全书共 12 章,内容包括:绪论、珊瑚混凝土材料基本性能研究、约束珊瑚混凝土套箍增强机理研究、圆形和方形截面 CFRP 外包钢管珊瑚混凝土柱的轴压试验研究(第 4、5、6、7 章)、圆形和方形截面 CFRP 外包钢管珊瑚混凝土轴压构件承载理论研究(第 8、9 章)、CFRP 外包钢管珊瑚混凝土柱轴压全过程非线性有限元分析(第 10 章)、CFRP 钢管珊瑚混凝土短柱截面尺寸优化研究(第 11 章)及后记(第 12 章)。

本书是围绕海洋资源利用和新型组合结构形式,针对珊瑚骨料混凝土的系列研究成果的总结。全书的研究内容属于学科前沿,创新性和系统性强,且兼顾理论性与实用性,对深入研究特种混凝土的结构工程技术具有较强的理论参考与应用价值。

本书可作为土木工程、船舶与海洋工程学科专业科技工作者与高等院校相关专业师生的专业参考书。

图书在版编目(CIP)数据

新型可持续海洋骨料混凝土组合结构：钢管珊瑚混
凝土组合柱轴压性能 / 高屹，韦灼彬著. —天津：天
津大学出版社，2020.6
   ISBN 978-7-5618-6700-6

   Ⅰ.①新… Ⅱ.①高… ②韦… Ⅲ.①钢管混凝土结
构－组合结构－组合柱－轴压比－研究 Ⅳ.①TU528.59
②TU323.1

中国版本图书馆CIP数据核字(2020)第113478号

XINXING KECHIXU HAIYANG GULIAO HUNNINGTU ZUHE JIEGOU:
GANGGUAN SHANHU HUNNINGTU ZUHEZHU ZHOUYA XINGNENG

出版发行	天津大学出版社
地　　址	天津市卫津路92号天津大学内(邮编:300072)
电　　话	发行部:022-27403647
网　　址	www.tjupress.com.cn
印　　刷	北京盛通印刷股份有限公司
经　　销	全国各地新华书店
开　　本	185mm×260mm
印　　张	11
字　　数	275千
版　　次	2020年6月第1版
印　　次	2020年6月第1次
定　　价	58.00元

前　　言

珊瑚混凝土现已成功地应用于道路和护岸等工程。但是,珊瑚骨料自身的缺陷导致珊瑚混凝土难以应用于结构承载构件,从而限制了珊瑚混凝土的应用范围。基于珊瑚碎屑作为一种新型可持续海洋骨料混凝土在结构工程中应用的必要性,本书提出钢管外包聚合物碳纤维布(CFRP)、内填珊瑚骨料混凝土的新型组合结构受压构件构造形式,以综合集成的方式改善珊瑚混凝土性能:通过钢管约束,实现珊瑚混凝土套箍增强作用;通过外包密封,提高珊瑚混凝土耐久性;利用 CFRP 外包,增强钢管套箍性能;利用钢管内衬,弥补 CFRP 易脆性的缺陷。在大幅度提高构件抗力、延性、耐久性的同时,省却支模养护,便于在场地施工。目前有关 CFRP 外包钢管珊瑚混凝土的研究还是空白,因此研究 CFRP 外包钢管珊瑚混凝土受压构件的轴压力学性能与承载强度计算方法,探索珊瑚混凝土应用技术,对于实现珊瑚混凝土结构工程应用、拓展钢管混凝土应用领域、开发结构工程新型构件都具有重要意义。

CFRP 外包钢管珊瑚混凝土轴压构件力学性能的研究技术路径是以约束珊瑚混凝土的必要性和新型组合结构构造形式的可行性为前提,以各类轴压试验结果为基础,以轴压作用与材料效应关系为依据,采用极限平衡理论对轴压构件的受力全过程进行理论解析,得到轴压构件的静力性能,提出轴心受压构件极限承载力的计算方法。

著者课题组以珊瑚混凝土作为结构工程承载构件,进行了各类性能研究,取得了本书的主要结论。感谢研究生孙潇、冯增云、李浩阳、赵鹤进行了大量试验工作与数据整理。研究工作分别得到了科研项目"钢管珊瑚混凝土组合结构基本性能及应用研究"、基金项目"FRP 外包钢管珊瑚混凝土基本性能研究"与"钢管珊瑚混凝土轴压构件力学性能研究"的资金资助,在此表示感谢。

限于著者水平,书中难免存在一些不足,敬请专家和读者批评指正。

著者

2020 年 4 月

主要符号说明

A 面积

A_a 钢管横截面面积

A_c 钢管内珊瑚混凝土横截面面积

A_{cf} 碳纤维布横截面面积

D 钢管外直径

d_c 核心珊瑚混凝土直径或钢管内直径

r 钢管外半径

r_c 核心珊瑚混凝土半径或钢管内半径

t 钢管厚度

t_{cf} 碳纤维布厚度

L 柱长

I 截面惯性矩

I_a 钢管截面惯性矩

$I_{c,c}$ 钢管内珊瑚混凝土截面惯性矩

$I_{sc,c}$ 钢管珊瑚混凝土组合截面惯性矩

E 弹性模量

E_a 钢管弹性模量

E_c 普通碎石混凝土弹性模量

$E_{c,c}$ 珊瑚混凝土弹性模量

E_{sc} 钢管混凝土组合弹性模量

$E_{sc,c}$ 钢管珊瑚混凝土组合弹性模量

E^t 切线模量

E_{cf} 碳纤维布拉伸模量

f 材料强度

f_c 普通混凝土轴心抗压强度设计值或轴心抗压强度

f_{cu}	普通混凝土立方体抗压强度设计值
f_{cuk}	普通混凝土立方体抗压强度标准值
$f_{c,c}$	珊瑚混凝土轴心抗压强度设计值或轴心抗压强度
$f_{cu,c}$	珊瑚混凝土立方体抗压强度设计值
$f_{cuk,c}$	珊瑚混凝土立方体抗压强度标准值
f_a	钢管抗拉强度设计值
f_a'	钢管抗压强度设计值
f_y	钢材屈服强度
f_u	钢材极限强度
f_{cf}	碳纤维布抗拉强度
σ	应力
σ_1	钢管纵向应力
σ_2	钢管环向应力
σ_r	钢管径向应力
σ_c	核心混凝土纵向应力
$\sigma_{c,c}$	核心珊瑚混凝土纵向应力
p	核心混凝土侧压应力（径向应力）
p_c	核心珊瑚混凝土侧压应力（径向应力）
$\sigma_{t,cf}$	碳纤维布环向应力
$\sigma_{r,cf}$	碳纤维布径向应力
ε	应变
ε_1	钢管纵向应变
ε_2	钢管环向应变
ε_c	核心混凝土纵向应变
$\varepsilon_{c,c}$	核心珊瑚混凝土纵向应变
ε_{cr}	核心混凝土径向应变
$\varepsilon_{cr,c}$	核心珊瑚混凝土径向应变
$\varepsilon_{t,cf}$	碳纤维布环向应变

$\varepsilon_{r,cf}$	碳纤维布径向应变
u	变形位移
u_1	钢管纵向变形位移
$u_{1,c}$	钢管珊瑚混凝土柱纵向变形位移
$u_{1,cf}$	CFRP 钢管珊瑚混凝土柱纵向变形位移
u_2	钢管横向变形位移
$u_{2,c}$	钢管珊瑚混凝土柱横向变形位移
$u_{2,cf}$	CFRP 钢管珊瑚混凝土柱横向变形位移
N	轴向力
N_c	CFRP 钢管珊瑚混凝土短柱轴向压力
N_0	钢管混凝土短柱轴心受压极限承载力
$N_{0,c}$	CFRP 钢管珊瑚混凝土短柱轴心受压极限承载力
N_u	钢管混凝土柱轴心受压极限承载力
$N_{u,c}$	CFRP 钢管珊瑚混凝土柱轴心受压极限承载力
λ	CFRP 钢管珊瑚混凝土柱长细比
φ	钢管混凝土柱轴心受压承载力长细比折减系数
φ_c	CFRP 钢管珊瑚混凝土柱轴压承载力长细比折减系数
ξ	套箍系数
ξ_a	钢管对核心珊瑚混凝土的套箍系数
ξ_{cf}	CFRP 布外包钢管条件下对核心混凝土的套箍系数
K	约束混凝土侧压系数
K_c	约束珊瑚混凝土侧压系数
ρ	含钢率
μ	泊松比
β_c、β	轴压承载力提高系数

目　　录

第1章 绪论

1.1 研究背景

将珊瑚混凝土应用于结构承载构件,需要重点解决以下问题[1-3]:首先,需要提高以珊瑚骨料作为轻集料制备的混凝土的强度,以满足构件承载强度需要;其次,需要解决用海水拌和珊瑚骨料后,氯盐离子对混凝土构件的侵蚀问题,以达到结构耐久性要求;最后,应改变传统混凝土支模浇筑与养护工艺,以适应施工条件。基于以上需求,本书提出了采用碳纤维增强聚合物(Carbon Fiber Reinforced Polymer, CFRP)材料,对圆形和方形截面钢管珊瑚混凝土柱加以外包的组合构件形式。与传统构件性能相比,其能达到如下改善效果:通过 CFRP 与钢管的共同套箍约束作用,提升构件承载强度,提高整体延性;通过 CFRP 外包和管内珊瑚混凝土内填密封,增强构件耐蚀性,提升结构耐久性;通过纤维增强聚合物 - 钢管 - 珊瑚混凝土的组合工作,简化支模施工工艺,提高整体经济性。

1.2 研究目的和意义

通过理论、试验和数值模拟研究,客观揭示 CFRP 外包钢管珊瑚混凝土轴心受压构件的力学性能与受力特征,科学解析组合构件的轴压承载机理,提出其承载力计算公式,为项目研究提出的 CFRP 外包钢管混凝土组合结构技术、合理利用海水拌养珊瑚混凝土等创新技术在远海岛礁工程建设中的推广应用提供理论基础与技术支撑。

以 CFRP 外包钢管珊瑚混凝土构件的轴心受压力学性能为研究对象,通过对比试验与理论解析,系统科学地进行构件轴压力学性能研究,其研究意义在于:首先,通过材料性能与构件轴压的试验研究,验证对以珊瑚礁砂作粗细骨料配制混凝土并填充钢管的组合结构技术进行结构化应用的可行性;其次,基于钢管约束核心珊瑚混凝土套箍强度试验结果分析,得到三向受力状态下的珊瑚混凝土侧压指标,为 CFRP 外包圆钢管珊瑚混凝土构件计算模型提供较为准确的材料性能参数;最后,以对比试验与理论解析为基础,提出 CFRP- 钢管 - 珊瑚混凝土组合柱的轴心受压承载能力理论计算模型,为构件结构设计提供理论依据。

1.3 国内外研究综述

1.3.1 珊瑚混凝土研究概况

关于采用珊瑚碎屑作混凝土骨料的应用研究,国外早已有之。美军在第二次世界大战期间,就在太平洋的吉尔伯特、马绍尔等群岛中的部分岛屿上采用珊瑚砂石进行地面构筑物以及军事工事的建设 [4]。此后,美国还在相关标准中明确提出:可以采用珊瑚碎屑作为混凝土粗细集料替代常规砂石 [5]。1974 年,美军位于伊利诺伊的工程结构实验室的 Howdyshell[6] 对珊瑚混凝土的应用情况分析研究后认为,以珊瑚颗粒替代常规砂石用作混凝土集料制备的混凝土用于工程结构,需要特别考虑氯离子侵蚀与钢筋锈蚀的影响。1991 年,Ehlert 研究分析了比基尼岛上采用珊瑚混凝土构建的结构物的强度后 [7],提出采用珊瑚礁砂完全可以制备出结构工程中承载构件所要求的强度等级,并认为当水灰比达到 0.5 左右、粗细骨料占骨料级配的 1/2 左右时,配制的珊瑚混凝土强度则达到 20 MPa 以上。此后,印度人 Arumugam 在对珊瑚混凝土进行大量研究后,于 1996 年指出,珊瑚混凝土的早期强度增长要比后期强度生成得快,与早强混凝土的特性类似 [8]。

国内关于珊瑚混凝土研究的文献,最早见于 1988 年,王以贵关于在港工结构中应用珊瑚混凝土材料的研究 [9],通过将珊瑚碎块、海砂、珊瑚砂以海水拌制后制备的混凝土与普通混凝土作比较,认为珊瑚混凝土作为承载构件可用于非配筋的防波堤、护岸、引堤等海工建筑物。

海军工程设计研究局的陈兆林以珊瑚砂作为基材,掺加内陆碎石、525 号普通水泥与海水搅拌,制备出强度达 20 MPa 的混凝土。通过研究分析,认为珊瑚砂石混凝土早期强度较高,后期强度生成缓慢 [10]。其净水灰比与强度呈线性关系 [11],拌和后的珊瑚砂混凝土坍落度满足混凝土施工要求。在对既有建筑考察后,认为珊瑚素混凝土结构具有较好的耐久性。

此后,中科院南海所的卢博 [12-13],在广东自然基金的资助下,用珊瑚砂作细骨料、内陆花岗石作粗骨料,以海水与一系列不同类型的水泥拌和制备混凝土,通过比较试验,认为以珊瑚砂作骨料,在适当提高水泥掺量、减小水灰比的情况下,制备的混凝土可用于道路面层、场坪、护坡等。

近些年,广西大学赵艳林指导研究团队开展了一系列珊瑚混凝土配合比以及其物理力学性质的研究 [14-16]。其中,韩超对以珊瑚碎屑、天然河沙作骨料,采用人工海水拌和的珊瑚混凝土通过正交试验进行了配合比优化研究,研究了珊瑚混凝土包括抗压强度、劈裂强度、弹性模量在内的材料基本力学性质,尝试建立了珊瑚混凝土材料本构方程 [17]。李林从材料微观的理化特征入手,分析了珊瑚骨料特征参数的关联性,得出骨料特征形状、理化性能、颗粒指标等对珊瑚混凝土力学行为的影响,回归建立了珊瑚混凝土的标准立方体强度、轴压强度、劈拉强度以及弹性模量等一系列关系模型 [18]。张栓柱则重点研究珊瑚碎屑骨料混凝土随龄期变化的材料疲劳特征,以珊瑚混凝土小梁疲劳试验为基础,建立了珊瑚混凝土受弯构件的疲劳方程式,通过微观电镜下珊瑚与水泥的水化晶体分形特征研究,得出了珊瑚混凝土早强特性来自珊瑚石支状、凸凹棒状的材料特征 [19]。

与广西大学赵艳林等的研究类似,桂林理工大学的王磊等人一方面研究了以珊瑚碎屑作骨料的混凝土的微观材料理化性质、材料成分、界面特征以及混凝土的力学特征,认为珊瑚碎屑骨料混凝土能快速结硬且早期强度高,得到影响其龄期强度与早强性能的因素和相互关系,得出水灰比的减少在一定程度和范围内不能提高珊瑚混凝土强度的结论 [20];另一方面与赵艳林团队的研究不同,从改善珊瑚骨料界面特性与微观黏结性能方面入手,通过对珊瑚骨料掺加纤维增强材料,研究了改性后纤维增强珊瑚混凝土的基本力学特征,分别通过掺加剑麻、碳纤维聚合物、丙烯纤维聚合物后的珊瑚骨料混凝土强度试验对比分析,认为上述纤维增强材料对珊瑚混凝土的轴压强度、立方体抗压强度等力学性能提升作用不明显,而对珊瑚混凝土抗拉与抗折性能有显著提高,特别是剑麻材料的提升效果最佳[21-23]。同在桂林理工大学的孙宝来研究了以硅灰作掺料的硅灰增强珊瑚骨料混凝土的力学行为特征[24],进行了一系列抗压、抗拉试验,在对比传统混凝土力学性能随硅石、硅砂掺量变化的研究成果后[25],认为以 25% 左右的硅灰替代率,可明显提高珊瑚混凝土的抗拉与抗压能力,并且得到了硅灰最优掺量比。

此外,相关技术部门对某些岛礁上采用珊瑚砂构筑的已服役近 20 年的引堤、防波堤、护岸、道路护坡等永固设施进行了详细的耐久性研究,认为采用珊瑚骨料的混凝土的耐久性影响因素与氯离子渗透含量无关,其耐久性破坏主要为高温、高湿条件以及台风的极端恶劣环境所致[26]。

关于珊瑚混凝土目前的研究情况大致如上所述,需要说明的是,关于珊瑚混凝土的材料力学性能研究主要集中在近些年广西大学的赵艳林团队与桂林理工大学的王磊等人,但是其研究所采用的珊瑚骨料均为大陆近海的体量较小的珊瑚碎屑、支角状珊瑚碎块,由于珊瑚礁石的材料成因不同,与远海岛礁的珊瑚礁石在强度、孔隙率与骨料黏结性能方面有所区别,因而他们在研究中也认为珊瑚混凝土在材料强度特性与纤维增强改性方面不如普通混凝土[27]。

本项目课题组在韦灼彬教授的带领下,以南海岛礁航道开挖与礁盘吹填得到的沉积岩石型珊瑚礁为原材料,前期进行了珊瑚礁石骨料混凝土的配合比优化设计研究,为以珊瑚混凝土作为结构承载构件材料奠定了一定基础[28-29]。

1.3.2 FRP 约束钢管混凝土研究概况

FRP 是英文 Fiber Reinforced Polymer 的缩写,意为纤维增强聚合物复合材料,是以纤维材料按一定比例与树脂基材经冲压、拉拔而成的新型高性能材料,根据纤维材料的种类不同,目前包括碳纤维增强聚合材料(Carbon Fiber Reinforced Polymer, CFRP)、聚酯玻璃纤维塑料(Glass Fiber Reinforced Polymer, GFRP)、玄武页岩增强聚合物(Basalt Fiber Reinforced Polymer, BFRP)、竹木基纤维复合材料(Wooden Bamboo Fiber Reinforced Polymer, WBFRP)、芳纶纤维增强材料(Aramid Fiber Reinforced Polymer, AFRP)以及混合纤维增强复合材料(Hybrid Fiber Reinforced Polymer, HFRP)。由于 FRP 材料本身具有质轻、高强、耐腐、可塑、隔热、透波等常规材料无可比拟的优势,近年来在国内外土木工程的各个领域有着广泛的应用。例如,利用 FRP 材料高强、轻质的性能,国内外土木工程界将其广泛应用于桥梁和建筑等结构中梁、板、柱构件的加固与补强,并且取得了很好的效果[30-35];利用 FRP 材料可塑、耐腐的性能,以 FRP 管材替代传统钢管与混凝土组合形成 FRP 圆管约束混凝土柱作承载构件[36-40];利用 FRP 较好的材料延性与抗冲击韧性,将其作为水泥掺料制备高性能混凝土,用作特殊结构混凝土[41-45];近年来,韦灼彬教授带领研究团队,利用GFRP材料高强、轻质的特性,特别是其优良的透波性能,将其作为受力构件在特殊结构体系中推广应用,得到了良好的工程应用效果[46-48]。根据已有研究成果与资料统计[49-51],各种FRP材料的主要参数见表1.1。

表 1.1　FRP 材料主要参数

FRP 类型	抗拉强度 f /MPa	拉伸弹性模量 E /($\times 10^4$ MPa)	温度膨胀系数 /($\times 10^{-6}$/℃)	市场价格 /(元 /m²)
CFRP	2 500~4 800	20~25	20~30	50~100
GFRP	1 800~3 800	7~9	20~30	35~50
BFRP	3 800~4 800	8~11	20~22	30~60
WBFRP	80~330	0.6~3	—	—
AFRP	3 400~4 200	6~12.5	60~80	120~180

根据表1.1各类FRP材料的抗拉强度、拉伸弹性模量、市场价格等参数,并结合实际因素考虑,本书研究采用CFRP作为钢管混凝土外包约束增强的复合材料。

钢管混凝土是钢-混凝土组合结构的一种特殊组合构件形式,其在建筑工程上的应用最早可追溯到19世纪末,1879年英国人采用钢管内灌注混凝土来防腐和承载所建造的Serven铁路桥以及1897年美国人J. Lally发明"Lally柱"(钢管内充填混凝土的承载柱)至今,均已有上百年的历史[52]。由于钢管混凝土组合结构形式与混凝土结构和钢结构相比,具有承载力高、经济效益好、施工方便迅速、结构延性和抗震性好、耐疲劳等优良的性能,其成功应用的经典结构实例数不胜数。如1930年巴黎郊外Ibis建造的上承拱式桥;前苏联1937年在彼得堡涅瓦河上采用钢管混凝土作竖向拱肋的下承拱式桥[53-54]。特别是在20世纪90年代初,由于泵送混凝土施工的先进工艺得以应用发展,使得钢管混凝土技术在欧美发达国家的高层建筑施工中得以迅速推广应用。我国最早采用钢管混凝土结构的工程实例是在1966年,当时在北京采用了钢管混凝土柱用于"前门站"和"北京站"的地铁站台施工建设,此后随着我国改革开放,基础设施与市政工程大规模兴建,钢管混凝土结构被广泛应用于桥梁工程、隧道工程、高层建筑工程等诸多土木工程建设领域。例如巫山长江大桥、莆田阔口拱桥、杭州钱江拱桥、兰州雁滩黄河拱桥等诸多大跨拱桥的建造[55]以及深圳的赛格大厦、广州的珠江新城、天津的津塔等城市高层建筑的建设,都采用了钢管混凝土施工技术[56-57]。在钢管混凝土结构设计理论研究方面,欧美各国都有较为成熟的研究成果,并已形成标准化体系,例如美国的ACI360、LRFD标准,日本的AIJ标准,英国的BS5400标准,欧洲的EC4标准,德国的DIN18800标准都详细规范了钢管混凝土受压构件的承载力计算方法与构造形式[58-61]。应该说,我国在钢管混凝土结构的理论研究方面,研究成果是居于世界前列的。例如最早从事钢管混凝土研究的是中科院哈尔滨土建研究所,之后苏州混凝土与水泥制品研究院、北京地铁工程局、哈尔滨建筑大学、原冶金部冶金建筑研究院、中国建筑科学院结构所、哈尔滨建筑工程学院以及原海军后勤学院都相继较早地开展了钢管内灌填素混凝土的内填式钢管混凝土的结构试验与理论研究。例如韦灼彬教授早在 1994 年就进行了钢管陶粒混凝土组合构件用于空间组合网架的研究[62]，并在 2004 年和 2012 年将钢管混凝土组合结构技术应用于军事工程抢修抢建研究，并编入国家军用标准[63-64]。在钢管混凝土的组合结构设计研究方面，具有代表性的是哈尔滨建筑大学的钟善桐，其将钢管与混凝土视为整体复合材料，按统一理论通过大量试验回归分析确定复合材料的强度指标，以统一强度指标计算构件承载力，以该理论制定《实心与空心钢管混凝土结构技术规程》（CECS 254 ）[65]；中国建筑科学研究院的蔡绍怀以约束混凝土套箍强度计算原理为基础，采用极限平衡理论对钢管混凝土构件进行承载力极限状态设计，形成《钢管混凝土结构设计与施工规程》（CECS 28 ）[66]；2014 年住建部颁布实施的《钢管混凝土结构技术规范》（GB 50936 ），将统一理论设计方法和极限平衡设计方法分别列入该部规范的第 5 章和第 6 章[67]，统一用于实心圆钢管混凝土柱的强度设计。

FRP 约束钢管混凝土技术是将质轻、高强的 FRP 片材（布材与板材）通过环氧树脂等黏结胶裹紧粘贴在钢管外表面，并在钢管内部填充混凝土，形成 FRP、钢管与混凝土复合工作的组合结构，用于承载构件。FRP 的外包约束效果，使得约束后的钢管混凝土构件的受压、受弯承载力更高，轴压稳定性更好，结构延性增强，构件耐腐蚀性增强，整体经济性更佳。关于 FRP 钢管混凝土组合结构技术研究，国内外见诸报道的主要有以下代表性成果。

国外研究成果中，加拿大多伦多大学的 Michael V. Seica 和 Jeffrey A. Packer 等人，通过对几种典型的 FRP 材料性能的分析，利用 CFRP 对圆钢管混凝土梁外包进行盐水环境循环养护浸泡后，进行了受弯、受剪的试验研究分析[68]。加拿大 McMaster 大学的 Kian Karimi 和 Michael J. Tait 等人，分别通过对方形截面和圆形截面的 GFPR 环包钢管‒型钢混凝土组合柱进行轴压短柱试验，分析研究了 GFRP 组合柱的组合性能和承载能力[69]。印度学者 G. Ganesh Prabhu 和 M. C. Sundarraja 对采用 CFRP 条带缠绕的方形截面钢管混凝土短柱进行了轴压对照试验，分析了 CFRP 布带缠绕对试件轴压力学性能的影响[70-71]。澳大利亚 Wollonggong 大学的学者们进行了 FRP 与空心钢管间填充混凝土的夹心复合 FRP 钢管混凝土空心柱（DSTCs）的单调一次性和循环往复轴压对比试验研究，分析了 DSTCs 柱的受力性能[72]。澳大利亚 Adelaide 大学的 B. A. L. Fanggi 和 T. Ozbakkaloglu 对 FRP 钢管混凝土柱与 FRP 管混凝土柱进行了对比试验研究，分析了两类组合柱的材料应变与构件变形，提出了工程应用建议[73]。埃及 Tanta 大学的 M. F. Hassaneina 和 O. F. Kharoob 与澳大利亚 Victoria 大学的 Q. Q. Liang 合作开展了钢碳纤维与钢管内填混凝土短柱的力学性能试验与非线性分析研究，该组合柱的提出形式与其他学者不同：在不锈钢管内设置碳纤维复合钢管，在外层不锈钢管与内层 FRP 钢管间填充混凝土形成组合柱构件，通过试验与理论分析，提出了该种组合构件的力学性能指标与极限承载设计理论[74]。

国内最早出现的 FRP 约束钢管混凝土技术的报道文献，是 2003 年沈阳建筑大学的王庆利等人提出的关于碳纤维布复合钢管混凝土结构的研究设想[75]。此后，王庆利团队先后对 CFRP 约束圆形和方形截面钢管混凝土受压构件与受弯构件进行了一系列轴压、受弯、扭转、弯压滞回等构件性能试验研究以及有限元分析，提出了长短柱轴压承载力计算理论模型[76-81]。之后,大连海事大学的赵颖华、陈忱、顾威、付美等人进行了 CFRP 钢管混凝土短柱长柱的轴压、偏压和冲击振动试验,并在试验分析的基础上开展了受压柱的承载能力计算理论与抗冲击动力性能研究[82-85]。福州大学的陶忠和清华大学的韩林海先后进行了包裹 FRP 的钢管混凝土柱与普通钢管混凝土柱的轴心受压对比试验以及火灾高温后采用 CFRP 加固钢管混凝土梁柱构件的承载试验,研究分析了 CFRP 钢管混凝土构件的受力性能,提出了相应的承载力简化计算方法[86-88]。长安大学的郑宏、樊晶通过核心混凝土、FRP 材料与钢管的本构模型研究,对 FRP 钢管混凝土结构受力进行了较为系统的有限元分析[89]。沈阳建工学院的刘明、栾波对 CFRP 包裹方钢管混凝土柱经过 600 ℃高温后的承载力情况进行了相应对比试验,认为 CFRP 钢管混凝土在高温加固后的构件力学性能有较大改善,特别是结构的延性较普通钢管混凝土柱有较大提高[90-91]。湖南大学的肖岩对 FRP 外包约束的钢管混凝土柱进行了轴压破坏试验与往复滞回抗震性能试验后认为,经 FRP 外包后的钢管混凝土柱承载力与滞回性能有显著提高[92]。东华理工大学的梁炯丰、郭立湘对 CFRP 包裹约束圆钢管和方钢管混凝土长短柱分别进行了轴压试验与理论研究,描述分析了各类 CFRP 钢管混凝土柱的试验现象与破坏机理,提出了以构件轴压应变与整体刚度为计算依据的承载力计算方法[93]。此外,香港理工大学和浙江大学的学者共同提出了混合 FRP 混凝土钢管柱的概念,即在空心钢管和 FRP 管间填充混凝土形成 FRP 钢管夹心混凝土复合柱形式,并对其进行了短柱轴压和长柱受弯的试验研究,比较分析了钢管和 FRP 管的受力性能[94]。

目前,国内外关于 FRP 外包约束钢管混凝土技术的研究,还主要集中在结构性能试验与承载理论研究。2011 年,江苏南京公路建设处联合南京林业大学在南京绕城高速建设中采用了外层包覆 FRP 的钢管混凝土柱技术,用于 2 座匝桥桥墩的设计与施工,桥墩柱高分别为 5.7 m、6.4 m,钢管外径均为 1.6 m,利用 CFRP 布对柱底进行 2 层、其余部分 1 层环向外包复合,建成至今,应用效果较好[95]。除此之外,少有工程实践应用的报道。

通过文献查阅,关于以碳纤维增强复合材料(CFRP)布外包钢管、内填珊瑚骨料混凝土的结构技术研究,尚未有文献报道。

1.4　本书主要研究内容

提出 CFRP 外包钢管珊瑚混凝土组合构件构造形式,通过构件试验、理论解析与数值模拟的研究过程,主要对其轴压作用下的基本力学性能进行重点分析研究,掌握其轴压承载机理和承载强度计算方法,为珊瑚混凝土与组合结构技术的推广应用奠定基础。全书研究包括以下内容。

绪论。主要阐述研究背景与研究的目的和意义,分别对珊瑚混凝土、钢管混凝土以及 FRP 约束钢管混凝土技术的国内外研究现状进行文献综述研究。一方面,研究表明本书提出的 CFRP 外包钢管、内填珊瑚骨料混凝土的组合构件技术未见文献报道,具有一定的创新性;另一方面,通过文献综述分析,掌握采用 FRP 材料外包钢管混凝土组合结构技术的研究现状与技术路径,提出珊瑚混凝土结构化应用的必要性与构件构造形式的可行性,为项目研究路径和方法提供有益的借鉴和指导。

珊瑚混凝土材料基本性能指标的试验研究。一方面对研究采用以珊瑚砂、珊瑚石作骨料的物理表观性能进行试验测试,得到相应的物理性能参数;另一方面基于珊瑚混凝土配合比试验的研究成果,配制用于填充钢管的珊瑚混凝土,对其基本力学性能进行试验研究,得到包括标准立方体抗压强度、轴压强度、劈裂强度、弹性模量在内的基本力学性能。研究结论为后续章节中的构件试验与理论分析提供材料性能指标。

约束珊瑚混凝土套箍增强机理的分析研究。主要是为揭示珊瑚混凝土在钢管约束作用下的套箍增强机理,提出套箍作用下的强度理论,分别从珊瑚混凝土三向受压破坏机理入手,提出三向受力状态下的珊瑚混凝土套箍强度理论模型,通过普通混凝土与珊瑚混凝土在钢管套箍约束作用下的轴压承载试验的比较,分析得到钢管套箍约束珊瑚混凝土的侧压系数取值条件,为钢管珊瑚混凝土轴心受压极限强度计算理论奠定基础。

CFRP 外包钢管珊瑚混凝土短柱的轴压试验研究。主要是为揭示圆形和方形截面CFRP 外包钢管珊瑚混凝土短柱轴压的力学性能,验证 CFRP 外包钢管对核心混凝土约束增强效果,需要进行短柱轴压极限承载能力的破坏试验,得到不同的含钢率、套箍指标、CFRP 包覆条件下的短柱轴压承载性能,为短柱轴压承载力计算模型与理论解析提供试验数据支撑。

CFRP 外包钢管珊瑚混凝土中长柱的轴压试验研究。主要是为揭示圆形截面 CFRP 外包钢管珊瑚混凝土中长柱构件的长细比对其极限承载能力影响的规律,了解中长柱构件在轴压荷载下的承载性能,分别以构件的有效长径比和 CFRP 布的外包层数为参数,进行各类中长柱轴压承载破坏试验,为建立圆形截面 CFRP 外包钢管珊瑚混凝土柱轴心受压极限承载力计算理论提供试验数据支撑。

CFRP 外包钢管珊瑚混凝土受压构件的轴压承载强度理论研究。主要是为得到 CFRP 外包钢管珊瑚混凝土受压构件轴压承载强度计算方法,分别从轴压构件的受力状态分析入手,利用极限平衡理论对短柱轴压承载力计算方法进行解析,提出圆形和方形截面 CFRP 外包钢管珊瑚混凝土轴压短柱承载能力计算方法;进一步结合圆形截面下的长柱轴压试验,考虑长径比对中长柱承载力的影响,拟合试验数据,进而提出统一的圆形截面 CFRP 外包钢管珊瑚混凝土轴心受压构件的极限承载强度计算理论。

CFRP 外包钢管珊瑚混凝土构件轴心受压的数值模拟研究。主要是为验证理论解析的正确性,弥补试验条件与试件数量的不足,深入了解构件轴压作用与材料效应的变化规律,以试验测试结果为依据,通过建立有限元模型,进行受力全过程的非线性数值模拟分析,并将模拟结果分别与试验和计算结果进行比较,以验证数值模型和计算理论的准确性。

CFRP 钢管珊瑚混凝土柱截面尺寸优化研究。主要是以经济性能最优为目标函数,以钢管的厚度、珊瑚混凝土的直径和外包 CFRP 的层数为变量,开展 CFRP 钢管珊瑚混凝土受压短柱的尺寸优化研究,以期得到最经济条件下试件各材料间的尺寸比例关系。

后记。主要对研究成果加以总结陈述,对研究过程和结果中的结论进行归纳提炼,对后续深化研究提出展望。

第 2 章　珊瑚混凝土材料基本性能研究

2.1　引言

    以珊瑚礁石作混凝土骨料,实现就地取材,开展远海岛礁工程建设,是本项目研究的背景,而采用珊瑚礁砂配制混凝土,其强度性能指标能否达到结构应用要求,是其结构化应用的前提。虽然已有研究表明,用珊瑚礁砂作骨料,配制较高强度等级的混凝土具有可行性,但根据珊瑚礁的成因情况与种类特点,不能将现有关于珊瑚礁砂材料性能的研究成果直接用于本项目研究。珊瑚礁石根据密实度和孔隙率的大小以及成因情况,有贯通多孔型、多孔型和岩石型等种类,其硬度依次增大。远海珊瑚岛礁的珊瑚晶体沉积时间长,受重力堆载的影响,密度较高,其中岩石型珊瑚礁石居多;大陆近海珊瑚礁砂形成年代较晚,多为散粒支角状的多孔型礁砂,孔隙率大,强度较低。本书研究是以我国某远海珊瑚岛礁某工程中的珊瑚礁石为对象,将其作为混凝土骨料用于承载构件,开展结构构件力学性能研究。因此,在本章中,首先需要对研究采用的珊瑚礁砂材料的基本物理性能进行试验测试,掌握用其作骨料制备混凝土的骨料级配与配合比要求,测试在最佳配合比下的珊瑚混凝土材料强度值,为后续的钢管约束珊瑚混凝土承载构件力学性能研究提供材料性能指标。

2.2　珊瑚骨料基本物理性能指标

2.2.1　珊瑚砂

    试验用珊瑚混凝土细骨料为南海岛礁某工程中的天然珊瑚砂。已有文献[96]认为,南海岛礁珊瑚砂孔隙率大、吸水率较高,主要化学成分是 $CaCO_3$,其颗粒强度低于普通砂(如石英砂),但其内摩擦角较高,一般在 40° 左右。其堆积状态如图 2.1 所示。

图 2.1　珊瑚砂

按照《轻集料及其试验方法》(GB/T 17431—2010),通过筛分试验测定,得到珊瑚砂的基本物理性能指标参数。

1. 细度模数

对要进行筛分的珊瑚砂,通过称量、干燥后,分别置于套筛中进行机筛和手工筛分,称量各筛的筛余量,其筛分情况见表 2.1。

表 2.1 珊瑚砂细度模数筛分情况

孔径 /mm	筛余量 /g		分计筛余比 /%		累计筛余比 /%	
9.50	0.118	0.011	1.94	0.39	1.94	0.39
4.75	0.108	0.086	1.78	3.07	3.72	3.46
2.36	0.387	0.137	6.52	6.18	10.24	9.64
1.18	0.963	0.369	16.07	13.18	26.31	22.82
0.60	1.951	0.762	32.48	27.21	58.79	50.03
0.30	2.211	1.210	36.91	43.21	95.7	93.24
0.15	0.221	0.127	3.72	4.54	99.42	97.78

根据表 2.1 中累计筛余比,按下式计算骨料细度模数:

$$M_x = \frac{\sum_{i=2}^{6} A_i - 5A_1}{100 - A_1} \quad (2.1)$$

式中:M_x 为细度模数;A_i ($i=1,2,\cdots,6$)分别为各孔径累计筛余量百分率。

通过计算得到珊瑚砂细度模数为 2.871,类型为中砂。

2. 堆积密度

按自然堆积法测定珊瑚砂松散状态下的堆积密度。试验时,将容量筒置于漏斗下方 50 mm 处,待测珊瑚砂置于漏斗中;打开漏斗活门,等珊瑚砂样徐徐落入容量筒中直至筒上面形成锥形为止,关闭漏斗活门;用木条(直尺)在容量筒口上面中心线位置向两个方向刮平;对容量筒内的珊瑚砂进行称量。其堆积密度按下式计算:

$$\rho_{u,c} = \frac{m_t - m_v}{V} \times 1\,000 \quad (2.2)$$

式中:$\rho_{u,c}$ 为珊瑚砂堆积密度;m_t 为容量筒容器与落入筒内珊瑚砂样的总质量;m_v 为容量筒容器质量;V 为容量筒体积。

测得珊瑚砂堆积密度为 1 343 kg/m³,略低于普通砂的堆积密度(1 400~1 700 kg/m³),但大于轻集料堆积密度指标。

3. 表观密度

测定珊瑚砂表观密度,预先对珊瑚砂取样(取 4 L)干燥至恒重,对干燥后的珊瑚砂样取 500 g 置于容量瓶浸水放置,充分晃动容器以排除气泡;静置 24 h,滤水后取出珊瑚砂样置于干毛巾上滚碾数次,再倒入浅盘;再将珊瑚砂样倒进容量瓶中,注入 500 mL 水后进行计量。

其表观密度按下式计算：

$$\rho_{w,c} = \frac{m}{V_t - V_p - 500} \times 1\,000 \qquad (2.3)$$

式中：$\rho_{w,c}$ 为珊瑚砂表观密度；V_t 为容量瓶内试样容量；V_p 为浅盘体积。

通过试验，测得珊瑚砂表观密度为 1 656 kg/m³。

4. 吸水率

对珊瑚砂样进行表观密度测定的同时，分别记录干燥砂样与浸水砂样的质量，按下式计算珊瑚砂样吸水率：

$$\omega_c = \frac{m_{浸水} - m_{干燥}}{m_{干燥}} \times 100\% \qquad (2.4)$$

式中：ω_c 为珊瑚砂吸水率；$m_{浸水}$ 为珊瑚砂浸水 24 h 后砂样质量；$m_{干燥}$ 为珊瑚砂干燥至恒重后砂样质量。

通过试验，测得珊瑚砂吸水率为 2.95%。

2.2.2 珊瑚石

研究试验对象为南海某岛礁的珊瑚礁石，多属于岩石型珊瑚礁，其硬度要比大陆近海珊瑚碎屑的硬度高。图 2.2 为用于本项目研究的南海某岛礁珊瑚礁石，图 2.3 为我国广西北海涠洲岛附近挖掘的近海珊瑚碎屑 [17]，从表观形态上看，两者具有很大的差异。为开展珊瑚混凝土配制与构件力学性能研究，需要对用作粗骨料的珊瑚石物理性能指标参数进行测试。

图 2.2　南海某岛礁珊瑚石

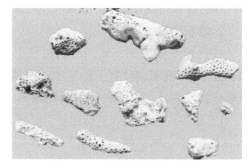

图 2.3　广西北海涠洲岛珊瑚石

1. 珊瑚石破碎

为将珊瑚石用于珊瑚混凝土配制，需要对大体积的珊瑚礁石进行解小破碎，解小后珊瑚石平均粒径为 20 mm，如图 2.4 所示。针对解小后的珊瑚石进一步破碎，以得到期望的珊瑚石粗骨料。如图 2.5 所示，珊瑚石破碎采用锤式破碎机破碎，入料口尺寸为 300 mm × 400 mm，破碎效率为 500 kg/h。

图 2.4　航道开挖解小后的珊瑚石　　　　　图 2.5　用于珊瑚石破碎的锤式破碎机

珊瑚石经破碎筛分,对于粒径大于 20 mm 的重新破碎,筛分后分别用于粗骨料和细骨料。其中,碎石粒径为 5~20 mm 的,约占破碎体积的 60%;粒径小于 5 mm 的,经试验测定与天然珊瑚砂相近,因此与天然珊瑚砂一同使用。破碎筛分后的珊瑚砂、石如图 2.6 所示。

图 2.6　破碎筛分后的珊瑚砂、石

2. 筒压强度

珊瑚碎石筒压强度是其作为混凝土骨料的质量评定依据。对珊瑚石进行筒压强度测定的试验设备包括干燥箱、压力机(200 t)、承压筒、天平(量程 5 kg,感量 5 g)等。

试验时,取 10~15 mm 粒径的珊瑚碎石试样 5 L 装入承压筒,经振动后沿筒口抹平;装入导向筒和冲压模后使冲压模下刻度线与导向筒上缘重合;将承压筒置于压力机下承压板并对中,以 300~500 N/s 匀速加荷;当冲压模压入 200 mm 时,记录压力机荷载值。筒压强度按下式计算:

$$f_{筒压} = \frac{N + G}{S} \tag{2.5}$$

式中:$f_{筒压}$ 为筒压强度;N 为冲压模压入 200 mm 的荷载值;G 为冲压模的重量;S 为冲压模面积。

通过试验测定,珊瑚碎石筒压强度值为 6.23 MPa,高于《轻集料及其试验方法》(GB/T 17431—2010)中的轻粗骨料筒压强度指标。

3. 骨料级配

经破碎的珊瑚石按公称粒径 25 mm 级别骨料进行级配筛分试验,筛分后各孔径筛余量见表 2.2。筛分结果表明,破碎后的珊瑚石骨料级配满足规范要求。

表2.2　破碎珊瑚石筛分累计筛余量

各筛孔径 /mm	累计筛余量 /g	筛余量标准 /g	各筛孔径 /mm	累计筛余量 /g	筛余量标准 /g
37.5	0	0	16.0	49.517	30~70
31.5	4.134	0~5	9.5	75.166	—
26.5	10.26	0~10	4.75	99.487	90~100
19.0	26.976	—	—	—	—

4. 其他物理性能参数

同2.2.1小节中所述珊瑚砂物理性能指标参数的测试,对珊瑚石松散堆积密度、表观密度、吸水率各项物理性能参数进行测试,得到珊瑚石松散状态的堆积密度为1 040 kg/m³,表观密度为1 860 kg/m³,吸水率为10.32%。

2.3　珊瑚混凝土基本力学性能指标

用破碎珊瑚礁石和珊瑚砂分别作粗细骨料,类似普通混凝土制备,以一定的骨料配合比与水泥按要求水灰比配制,并达到一定的强度等级,是该类珊瑚骨料混凝土结构化应用的必要条件。课题项目组已在早先完成了珊瑚骨料混凝土配合比优化研究[97],关于采用正交材料试验进行珊瑚骨料混凝土配合比优化的研究过程,不再赘述。本书在此基础上按珊瑚混凝土骨料配合比优化结论进行了珊瑚混凝土材料的基本力学性能研究,包括珊瑚混凝土的标准立方体抗压强度、棱柱体轴压强度、劈裂强度以及弹模试验,并对试验结果进行分析研究。珊瑚混凝土材料的基本力学性能试验为CFRP外包钢管珊瑚混凝土轴压构件力学性能研究提供了必要的材料性能参数。

2.3.1　标准立方体抗压强度

1. 试件准备

试件按《普通混凝土力学性能试验方法标准》(GB/T 50081—2002)要求,制作12组,每组3个,共36个边长150 mm的珊瑚混凝土立方体试件。

珊瑚混凝土配制强度等级按C40普通混凝土强度等级设计配合比,按材料正交试验配合比优化研究结论:珊瑚砂(细骨料)、珊瑚石(粗骨料)、水泥、海水量分别为320、1 020、450、228 kg/m³进行配置。水泥为42.5级硫酸盐水泥;珊瑚砂石粗细骨料为2.2节所述,采自南海某岛礁珊瑚礁砂,经破碎筛分得到;海水为参考南海海域人为制备[98],其盐分比例为$MgCl_2 : NaCl : CaCl_2 : Na_2SO_4 : NaHCO_3 : KCl = 526.5 : 2 216 : 108.2 : 386.1 : 20.7 : 74.5$,单位为g/100 L。配制得到的珊瑚混凝土,经测试其干表观密度值小于1 950 kg/m³,属于轻集料混凝土的表观密度范围。

2. 强度试验与结果

试件经标准养护后,置于压力机上测试其破坏强度,见表2.3。

表 2.3　珊瑚混凝土立方体抗压强度测试值

组数	$f_{cu,c}$/MPa			组数	$f_{cu,c}$/MPa		
1	51.43	50.36	52.71	7	54.09	50.12	52.37
2	53.96	53.24	54.08	8	53.12	50.01	52.74
3	56.14	52.99	52.02	9	53.25	52.05	52.35
4	51.26	52.45	53.06	10	52.09	55.14	51.91
5	50.65	52.46	52.42	11	52.38	50.62	53.06
6	52.12	56.63	50.07	12	50.31	52.44	52.86

对表 2.3 数据进行拟合分析,试验强度均值为 52.63 MPa,标准差为 1.45,数据呈正态分布,其直方分布如图 2.7 所示,并按式(2.6)计算其 95% 概率下的强度标准值,即

$$f_{cu,k} = f_{cu,c} - 1.645\sigma \tag{2.6}$$

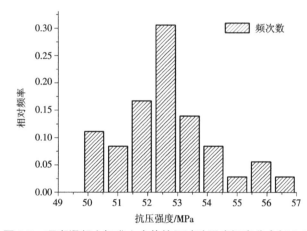

图 2.7　珊瑚混凝土标准立方体抗压试验强度概率分布(28 d)

计算配制的珊瑚混凝土 28 d 的标准立方体抗压强度的标准值 $f_{cu,k}$ 大于 41.7 MPa,表明试验得到的珊瑚混凝土强度等级已达到 C40 普通混凝土强度等级指标。其标准立方体试件的抗压强度破坏形态如图 2.8 所示。

(a)外面　　　　　　　　　　　　　　(b)内部

图 2.8　珊瑚混凝土标准立方体试件强度破坏形态

观察强度试验现象,立方体试块在荷载加载下,竖向裂纹逐渐开展至形成较长裂缝,试件边缘率先剥落破坏,表面逐渐剥离至试件失去承载能力。试件破坏过程与荷载加载曲线反映其具有一定延性破坏性能。

2.3.2   轴心抗压强度

1. 轴压强度试验

试件按《普通混凝土力学性能试验方法标准》(GB/T 50081—2002)要求制作 12 组,每组 3 个,共 36 个边长 150 mm、高 300 mm 的珊瑚混凝土棱柱体试件。进行轴心受压的棱柱体试件的配合比与立方体试件相同(见表 2.4),将试验得到的棱柱体轴心抗压强度值 $f_{c,c}$ 与立方体抗压强度值 $f_{cu,c}$ 进行对比,两者比值在 0.9 上下,显然要比普通碎石混凝土的棱柱体抗压强度与立方体抗压强度的比值高。

表 2.4   珊瑚混凝土轴心抗压强度测试值

组数	$f_{c,c}$ /MPa	$f_{cu,c}$ /MPa	$f_{c,c}/f_{cu,c}$	组数	$f_{c,c}$ /MPa	$f_{cu,c}$ /MPa	$f_{c,c}/f_{cu,c}$
1	49.33	52.93	0.93	7	48.92	52.25	0.94
2	48.09	52.19	0.92	8	46.26	52.54	0.88
3	44.60	51.50	0.87	9	47.25	51.78	0.91
4	46.79	52.12	0.90	10	51.75	53.74	0.96
5	46.66	51.80	0.90	11	47.47	53.07	0.89
6	47.26	51.84	0.91	12	47.60	51.96	0.92

表 2.4 的数据表明,珊瑚混凝土轴心抗压强度值低于同组的标准立方体抗压强度值,验证了珊瑚混凝土类似普通混凝土,其棱柱体试件在轴心受压状态下的核心混凝土受端部混凝土的套箍影响作用要小于同截面立方体试件。珊瑚混凝土棱柱体试件轴心受压破坏如图 2.9 所示。

 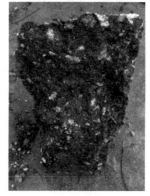

(a)外面   (b)内部

图 2.9   珊瑚混凝土棱柱体试件轴心受压强度破坏形态

2. 轴心抗压强度与立方体抗压强度的关系

进行强度试验的珊瑚混凝土类似轻集料混凝土,其标准立方体抗压强度 f_{cu} 与轴心抗压强度 f_c 是珊瑚混凝土材料力学性能的基本指标,表征了珊瑚混凝土作为强度材料的抗压承载性能,且与普通混凝土类似,两者之间为线性关系。对表 2.4 中的珊瑚混凝土强度试验所得到轴心抗压强度值 $f_{c,c}$ 和立方体抗压强度值 $f_{cu,c}$ 的数据进行线性拟合,得到如下关系:

$$f_{c,c} = 0.913 f_{cu,c} \tag{2.7}$$

式(2.7)校正决定系数为 0.99、残差平方和为 20.57,表明关系式可信度高,比较准确地反映了珊瑚混凝土材料的立方体抗压强度 $f_{cu,c}$ 与棱柱体轴压强度 $f_{c,c}$ 的关系,数据拟合如图 2.10 所示。试验结果与相关文献关于轻骨料混凝土轴压强度与标准立方体抗压强度之间关系的研究结论相吻合[99]。

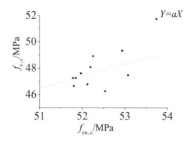

图 2.10　珊瑚混凝土的立方体与棱柱体抗压强度拟合关系曲线

2.3.3　劈裂强度

1. 劈裂强度试验

参考普通混凝土指标要求[100],以珊瑚混凝土标准试件的劈裂强度作为其抗拉性能的指标。以标准立方体强度试验的材料配合比,浇筑 6 组截面直径 150 mm、高 300 mm 珊瑚混凝土圆柱体作为劈裂抗拉强度试验试件,并按标准条件进行养护。试验加载装置简图如图 2.11 所示。经劈裂试验,试件的劈裂强度值与同组标准立方体抗压强度值的比较见表 2.5。

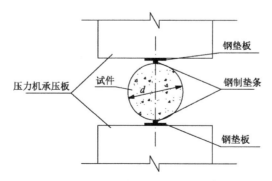

图 2.11　珊瑚混凝土圆柱体劈裂试验加载装置简图

表 2.5　圆柱体劈裂强度与立方体抗压强度测试值

组号	$f_{ct,c}$ /MPa	$f_{cu,c}$ /MPa	拉压比 /%	组号	f_{ts} /MPa	f_{cu} /MPa	拉压比 /%
1	5.07	52.19	9.71	4	4.83	51.84	9.32
2	4.76	51.78	9.19	5	5.25	52.93	9.92
3	5.07	51.96	9.76	6	4.78	51.80	9.23

由表 2.5 试验值计算珊瑚混凝土圆柱体劈裂强度值为 4.96 MPa,且与同组标准立方体抗压强度值保持线性关系,拉压比均值为 9.52%。观察试件破坏面(图 2.12),其形态不同于普通碎石混凝土试件,劈裂面贯穿珊瑚石骨料且比较平整。再分析材料内部受力情况认为,珊瑚混凝土圆柱体在劈裂加载过程中,其内部承压面呈均匀受拉状态,且水泥晶体与珊瑚骨料同时断裂,反映了珊瑚骨料抗拉强度接近水泥胶石晶体,因此珊瑚混凝土劈裂强度的决定因素有别于普通碎石混凝土,主要由珊瑚碎石骨料和水泥胶石两者的强度共同决定。其受力状态如图 2.13 所示。

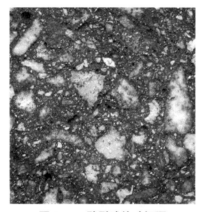

图 2.12　劈裂试件破坏面

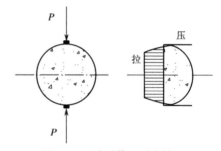

图 2.13　劈裂截面受力简图

2. 珊瑚混凝土劈裂抗拉强度估算

根据文献关于混凝土劈裂强度与标准立方体抗压强度关系的结论[101-102],有如下关系式:

$$f_{ct} = af_{cu} + b \tag{2.8}$$

$$f_{ct} = af_{cu}^{\frac{2}{3}} \tag{2.9}$$

对珊瑚混凝土圆柱体劈裂强度 $f_{ct,c}$ 与同组立方体抗压强度 $f_{cu,c}$ 的试验数据(表 2.6),分别按式(2.8)和式(2.9)进行拟合,得到如下关系:

$$f_{ct,c} = 0.4f_{cu,c} - 15.9 \tag{2.10}$$

$$f_{ct,c} = 0.356f_{cu,c}^{\frac{2}{3}} \tag{2.11}$$

以式(2.10)和式(2.11)计算珊瑚混凝土劈裂强度,分别得到两组计算值 $f_{ct,c}'$、$f_{ct,c}''$,见表 2.6。

表 2.6　劈裂抗拉强度计算值比较

立方体抗压强度试验值 $f_{cu,c}$ /MPa	劈裂强度试验值 $f_{ct,c}$ /MPa	劈裂强度计算值 $f'_{ct,c}$ /MPa	绝对误差率 /%	劈裂强度计算值 $f''_{ct,c}$ /MPa	绝对误差率 /%
52.93	5.25	5.27	0.38	5.02	4.38
51.78	4.76	4.81	1.05	4.95	3.99
52.19	5.07	4.97	1.97	4.97	1.97
51.96	5.07	4.89	3.55	4.96	2.17
51.80	4.78	4.82	0.84	4.95	3.56
51.84	4.83	4.84	0.21	4.95	2.48

表 2.6 的计算结果表明,采用式(2.10)计算得到的劈裂强度计算值与试验值的绝对误差率较小,且可信度较高,因此珊瑚混凝土劈裂强度估算应采用式(2.10)进行。

2.3.4　弹性模量

1. 试验设备与加载方式

依据《普通混凝土力学性能试验方法标准》(GB/T 50081—2002)[100],共制作 6 组,每组 3 个,截面边长 150 mm、高 300 mm 的珊瑚混凝土棱柱体试件,用来测定其弹性模量,试件采用珊瑚混凝土标准立方体抗压强度试验的骨料配合比。其试验装置如图 2.14 所示。

图 2.14　静弹性模量测试试验装置

测试珊瑚混凝土弹性模量时,先将模量测量仪对中水平固定在被测试件上,再连同试件一起置于压力试验机的承压板中心位置进行轴压加载。加载时,以每秒 0.5~0.8 MPa 的加荷速度,先加载至试件承受 0.5 MPa 基准应力时对应的轴压荷载值 $N_{0,c}$,记录千分表数值 ε_0;之后以同样速度,匀速加载至试件轴压强度 $f_{c,c}$ 的 1/3 应力值所对应的轴压荷载值 $N_{a,c}$,记录试件两侧千分表数值 ε_a;此后再匀速卸荷至 $N_{0,c}$;经过至少两次重复加载预压,再以相同加载过程进行一次加载,并记录对应的千分表位移数值;将记录数据带入下式计算珊瑚混凝土受压弹性模量值 $E_{c,c}$[100]:

$$E_{c,c} = \frac{N_{a,c} - N_{0,c}}{S} \times \frac{L}{\Delta} \qquad (2.12)$$

式中：$E_{c,c}$ 为珊瑚混凝土弹性模量；$N_{a,c}$ 为珊瑚混凝土轴压强度 $f_{c,c}$ 的 1/3 应力值对应的轴压荷载；$N_{0,c}$ 为珊瑚混凝土试件承受 0.5 MPa 基准应力时对应的轴压荷载；S 为棱柱体截面面积；L 为测量标距；Δ 为千分表变形读数的平均值（$\varepsilon_a - \varepsilon_0$）。

2. 试验数据结果

根据弹性模量试验数据，按式（2.12）计算珊瑚混凝土弹性模量数值 $E_{c,c}$，并与同组标准立方体抗压强度值 $f_{cu,c}$ 比较，见表 2.7。

表 2.7　同组珊瑚混凝土弹性模量与立方体抗压强度值

编号	珊瑚混凝土弹性模量 $E_{c,c}$ /（$\times 10^4$ MPa）	标准立方体抗压强度 $f_{cu,c}$ / MPa	编号	珊瑚混凝土弹性模量 $E_{c,c}$ /（$\times 10^4$ MPa）	标准立方体抗压强度 $f_{cu,c}$ / MPa
1	2.324	41.77	4	2.476	42.08
2	2.527	42.35	5	2.534	43.84
3	2.610	44.09	6	2.346	41.86

表 2.7 中，试验测试的珊瑚混凝土弹性模量平均值为 2.470×10^4 MPa，一方面小于《混凝土结构设计规范》（GB 50010—2010）采用的 C40 混凝土弹性模量 3.25×10^4 MPa 的数值（以标准立方体抗压强度标准值 $f_{cu,k}$ 测算得到）；另一方面也小于 C40 普通砂石骨料混凝土的弹性模量试验实测值（3.0~3.5）$\times 10^4$ MPa 范围[101-103]。分析其原因，认为以珊瑚砂石作为粗细骨料的珊瑚混凝土，其骨料孔隙率要大于普通碎石，在相同的轴压加载过程中，内部骨料间的微细裂缝要多于普通碎石，反映在外部应力变形方面，珊瑚混凝土与普通混凝土相比，产生相同轴向变形时的构件应力要小，故而珊瑚混凝土材料弹性模量值要小于普通混凝土。

2.4　本章小结

本章分别讨论了珊瑚砂石材料的基本物理性质以及用珊瑚砂石作为骨料配制珊瑚混凝土的材料基本力学性能指标。主要结论包括：一是以现行规范标准为依据，通过标准试验方法分别测定了珊瑚砂与珊瑚石的松散堆积密度、表观密度和吸水率，测试了珊瑚细砂的细度模数、珊瑚碎石的筒压强度与颗粒级配，以此确定了珊瑚砂和珊瑚石的类别，为进一步的珊瑚混凝土配制及其力学性能研究提供了材料基本的物理性能参数；二是提出了对于采挖的天然珊瑚礁石，可以通过人工破碎筛分的方式，将其作为混凝土骨料加以利用，并且通过浇筑试件与强度指标试验验证了珊瑚混凝土骨料应用的有效性；三是对以珊瑚砂石作为骨料配制的珊瑚混凝土进行了各类基本强度性能与弹性模量测试试验，并对试验结果进行了分析，认为以选自南海某岛礁的珊瑚礁砂作为骨料配制的珊瑚混凝土标准强度等级能够达到普通混凝土 C40 等级以上，远比以近海的珊瑚砂石作骨料配制的混凝土的强度要高 [17]。各项力学性能指标均满足结构工程中作为结构承载基本构件的材料性能要求，并为珊瑚混凝土构件的力学行为研究奠定了基础。

第 3 章　约束珊瑚混凝土套箍增强机理研究

3.1　引言

以珊瑚混凝土填充钢管形成钢管混凝土组合结构用于受压构件,可弥补其骨料强度低的缺陷。为了揭示珊瑚混凝土在钢管约束作用下的套箍增强机理,提出套箍作用下的强度理论,需要以普通混凝土三向受压承载理论为基础,通过套箍增强的比较试验进行理论解析得到。因此,本章从珊瑚混凝土三向受压破坏机理入手,对珊瑚混凝土在不同侧压条件下的套箍增强机理进行解析研究,通过普通混凝土与珊瑚混凝土在钢管套箍约束作用下的轴压承载比较试验,计算得到了钢管套箍约束珊瑚混凝土的侧压系数取值条件,为钢管约束珊瑚混凝土受压承载计算理论奠定了基础。

3.2　珊瑚混凝土的套箍强化机理

试验研究表明,珊瑚混凝土与普通混凝土一样,其荷载变形与破坏过程非常复杂,与受力状态有着很大的关系。在有侧压应力时要比在单轴向条件下的压缩应变大很多,并且抗压强度也有很大提高。

珊瑚混凝土的破坏取决于其断裂强度,但珊瑚混凝土断裂性能不同于金属材料的塑性变形,其材料断裂条件与应力状态的关系很大,随着其应力状态的不同,珊瑚混凝土可承受的极限伸长率会相差很大。

已有试验研究认为,混凝土的荷载变形和强度破坏是与其内部细微裂缝的产生和发展相关联的[104-105]。由于珊瑚混凝土内部由珊瑚礁石、珊瑚砂、水泥胶石组成,骨料间存在微小孔隙。通过珊瑚混凝土抗压强度与劈裂强度试验,观察试件破坏形态(图3.1),珊瑚混凝土与普通混凝土沿骨料的界面破坏有所不同,珊瑚混凝土的破坏面均为最大应力面上的珊瑚石与水泥胶石同时断裂。

对珊瑚骨料混凝土基本力学性能的研究表明,珊瑚混凝土试件在强度加载过程中,其原点切线模量与加载变形模量要明显低于普通混凝土。对同样 C40 强度等级的珊瑚混凝土与普通混凝土,按《普通混凝土力学性能试验方法标准》(GB/T 50081—2002)测定弹性模量,珊瑚混凝土的试验均值为 24.7 GPa,普通混凝土则为 30~35 GPa。

以上因素决定了珊瑚混凝土在套箍约束的三向受力作用下,因套箍强化作用使其轴压强度的提高程度相比普通混凝土而言,会有所不同。

（a）普通碎石混凝土　　　　　　　　（b）珊瑚骨料混凝土

图 3.1　普通碎石混凝土与珊瑚混凝土受压破坏面比较

3.2.1　珊瑚混凝土三向受压破坏机理

珊瑚混凝土由珊瑚礁破碎作粗骨料,与珊瑚砂、水泥加海水拌和,经水化反应凝固形成。其内部充斥着非饱和状态的水、水汽与空气,形成若干大小不一的孔隙;由于骨料沉积和泌水过程,在已硬化的水泥胶石晶体与骨料界面形成水臁或裂隙,因而在构造上属于非匀质材料,如图 3.2(a)所示。

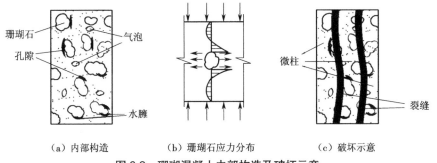

（a）内部构造　　　　（b）珊瑚石应力分布　　　　（c）破坏示意

图 3.2　珊瑚混凝土内部构造及破坏示意

随珊瑚混凝土轴压作用增加的影响,其内部裂隙与孔隙形成微细裂缝,水臁与骨料交界面形成集中应力,珊瑚碎石粗骨料孔隙内部应力增大,这些因素成为内部裂缝进一步扩展的"杠杆"。随轴压荷载持续增加,在平行于轴向压力平面上的拉应力持续增加,在达到材料极限强度前,珊瑚混凝土内部横向变形与纵向变形分别与应力服从线性关系,且其横向应变 $\varepsilon_{cr,c}$ 与纵向应变 $\varepsilon_{c,c}$ 的比值相对恒定,对于普通混凝土而言,该系数为 0.15~0.2,此时珊瑚混凝土视体积呈现压缩状态。随轴向应力增大,珊瑚混凝土内部裂隙逐渐发展至细微裂缝,横向变形增大,当轴向应力接近于极限强度时,内部珊瑚石应力达到极限抗拉强度而断裂,与细微裂缝连通形成通缝,将内部珊瑚混凝土沿轴压方向分隔成若干微柱(图 3.2(c)),珊瑚混凝土的体积快速增大,当轴压应力增长至微柱失稳或折断时,珊瑚混凝土构件破坏。

当珊瑚混凝土受到侧压应力时,其内部微裂缝形成和发展会受到抑制和延缓,微柱失稳与无侧压相比,将难以发生。其结果为抗压强度的提高与变形能力的增大。

根据珊瑚混凝土三向受压破坏机理,不难理解到,当侧压应力较小时,珊瑚混凝土的受压破坏以内部材料强度断裂破坏为主,碎裂后的破坏骨料粒径相对较大;当侧压应力较大时,珊瑚混凝土内部微柱出现二次失稳破坏,且构件也因为其内部微柱的二次失稳而破坏,碎裂后的破坏骨料粒径相对较小。如图 3.3 所示,钢管珊瑚混凝土短柱受压达到极限破坏后,管内核心珊瑚混凝土被压碎,破坏后的骨料粒径与珊瑚混凝土和普通混凝土标准立方体抗压强度试验后的骨料粒径相比要小。同时,也可看出,受压破坏后的管内珊瑚混凝土包括珊瑚石骨料均被压碎呈粉粒状,这与采用普通碎石骨料的管内混凝土相比破坏形态有所不同。

　　（a）珊瑚混凝土　　　　　　　　　　（b）普通碎石混凝土

图 3.3　钢管内混凝土受压破坏后的形态比较

3.2.2　珊瑚混凝土三向受压承载能力表达式

珊瑚混凝土三向受压状态在等侧压力作用条件下,其轴压应力 $\sigma_{c,c}$ 与侧压 p_c 的关系如图 3.4 所示,可参考普通混凝土三向受压试验研究结论,采用线性与非线性两种关系模型。

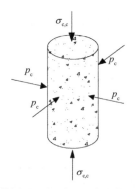

图 3.4　等侧压三向受压珊瑚混凝土受力简图

1. 轴向应力 $\sigma_{c,c}$ 与侧压 p_c 为线性关系

参考 Richart 模型理论,且根据已有试验数据,如图 3.5 所示 [106],可认为三向受压珊瑚混凝土轴压应力 $\sigma_{c,c}$ 与侧压 p_c 之间仍存在相同线性关系模型。其关系表达式为

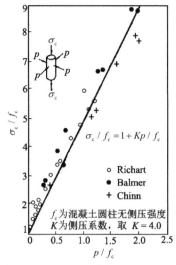

图 3.5 等侧压混凝土圆柱体轴压强度线性拟合关系

$$\sigma_{c,c} = f_{c,c} + K_c p_c \tag{3.1}$$

式中：$f_{c,c}$ 为珊瑚混凝土无侧压轴心抗压强度；K_c 为珊瑚混凝土侧压系数。

2. 轴向应力 $\sigma_{c,c}$ 与侧压 p_c 为非线性关系

根据已有大量试验结果，特别是高侧压条件下（钢管套箍系数较大时），三向受压混凝土轴向应力 σ_c 与侧压 p 间并不是完全满足线性关系，试验数据与拟合关系如图 3.6 所示[107]。

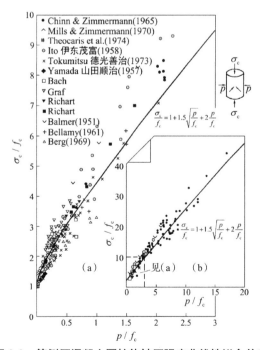

图 3.6 等侧压混凝土圆柱体轴压强度非线性拟合关系

图 3.6 中的试验数据资料有如下数据拟合关系[107]：

$$\sigma_{c} = f_{c}(1 + 1.5\sqrt{p/f_{c}} + 2p/f_{c}) \tag{3.2}$$

式中：f_{c} 为普通混凝土无侧压轴心抗压强度。

根据式（3.2），认为三向受压珊瑚混凝土轴向应力 $\sigma_{c,c}$ 与侧压 p_{c} 的非线性关系满足：

$$\sigma_{c,c} = f_{c,c}(1 + 1.5\sqrt{p_{c}/f_{c,c}} + 2p_{c}/f_{c,c}) \tag{3.3}$$

式中：$f_{c,c}$ 为珊瑚混凝土无侧压轴心抗压强度。

将式（3.2）表述为线性方程的形式，即对式（3.2）进行变换，得到：

$$\sigma_{c} = f_{c} + (2 + \frac{1.5}{\sqrt{p/f_{c}}})p \tag{3.4}$$

已有试验（图 3.7）反映侧压系数 K 与相对侧压应力参数 p/f_{c} 之间的关系[108]。

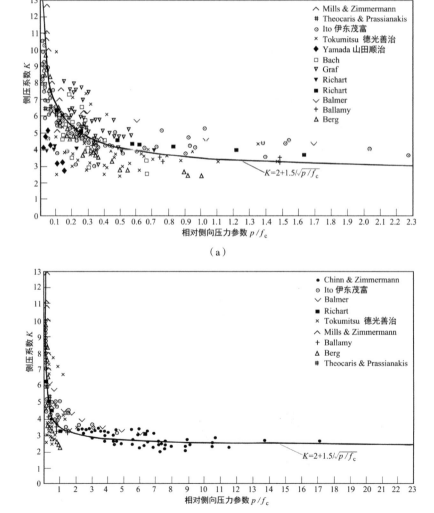

图 3.7　等侧压混凝土圆柱体轴压下侧压系数拟合关系

本书认为珊瑚混凝土与普通混凝土在三向受压应力状态下类似,将 $p_c/f_{c,c}$ 的值视为珊瑚混凝土等侧压三向受力条件下的相对侧压应力参数,则类似式(3.4)有:

$$\sigma_{c,c} = f_{c,c} + (2 + \frac{1.5}{\sqrt{p_c/f_{c,c}}})p_c \tag{3.5}$$

则珊瑚混凝土在高侧压条件下的侧压系数 $K_c = 2 + 1.5/\sqrt{p_c/f_{c,c}}$。此时,侧压系数 K_c 不是常数,而是与相对侧压应力参数 $p_c/f_{c,c}$ 存在非线性函数关系。

3.3 钢管套箍约束珊瑚混凝土强度试验

3.3.1 试验材料及试件制作

1. 珊瑚砂石骨料

试验所用的混凝土骨料为我国南海某岛礁的珊瑚礁砂经海陆运输得到,珊瑚礁石经锤式破碎机破碎,再经人工筛分后作为粗骨料,骨料粒径为 5~20 mm。其中,对 5~10 mm、10~15 mm、15~20 mm 粒径筛分称量,三者比值为 1∶1.05∶0.93,作为骨料级配使用。珊瑚砂细度模数为 2.87,属于中砂,用作细骨料。珊瑚砂石骨料具有孔隙比高、吸水率大等特点,其各项材料基本性能特点在 2.2 节关于珊瑚骨料基本物理性能指标部分已作详细讨论,不再赘述。骨料情况如图 3.8 所示。

图 3.8 级配珊瑚碎石和珊瑚砂

2. 珊瑚骨料混凝土与普通碎石混凝土

试验用珊瑚混凝土都采用前述同一骨料级配的珊瑚碎石礁砂作骨料,并均按表 3.1 所示的配合比配置。珊瑚混凝土拌和物如图 3.9 所示。

图 3.9 珊瑚混凝土拌和物

表 3.1　核心混凝土配合比

水泥 /(kg/m³)	粗骨料 /(kg/m³)	细骨料 /(kg/m³)	体积砂率 / %	净用水量 /(kg/m³)
450	756	734	49.26	225

为了进行三向受力条件下珊瑚混凝土和普通混凝土的套箍增强性能差异的比较试验，将珊瑚碎石替换为普通碎石，珊瑚砂替换为普通河沙，以珊瑚骨料级配筛分普通碎石，并用表 3.1 的同一配合比进行配置。经力学性能测试，珊瑚混凝土和普通混凝土的基本强度性能指标见表 3.2。

表 3.2　核心混凝土性能指标

试验类别	混凝土类型	立方体抗压强度 f_{cu}/MPa	轴心抗压强度 f_c/MPa	弹性模量 E /(×10⁴ MPa)
套箍约束	珊瑚混凝土	35.4	33.01	3.081
强度试验	普通碎石混凝土	43.5	37.73	3.244

3. 钢管

钢管采用不同厚度的 Q235 热轧钢板经冷加工焊接后，按试件设计尺寸切割成型，并在钢管一端焊接边长 200 mm、厚 20 mm 的正方形钢板垫块。根据《金属材料 拉伸试验 第 1 部分：室温试验方法》(GB/T 228.1—2010)中的要求制作成标准拉拔试件，经标准拉伸试验测试其性能指标，见表 3.3。

表 3.3　试验用钢材性能指标

钢材品种	屈服强度 f_y /MPa	极限强度 f_u /MPa	弹性模量 E /(×10⁴ MPa)	泊松比 μ
热轧钢板	252.35	319.14	21.963	0.27

4. 试件制作

浇筑混凝土时，将珊瑚混凝土拌和物均匀充灌至空心钢管，按 $L/4$ 试件高度分次振捣密实，浇筑完毕后抹平钢管顶部，并用塑料薄膜密封进行标准养护，同时预留标准立方体试块。经过 28 d 标准养护后，测试其性能指标。

3.3.2　试验设计

1)试件参数

钢管约束核心珊瑚混凝土套箍强度试验共设计两组截面尺寸类似的短柱试件，每组 2 个，其中一组钢管内浇筑珊瑚骨料混凝土，另一组钢管内浇筑普通碎石混凝土，且两组内填的混凝土骨料级配与配合比相同。试件参数见表 3.4，试件情况如图 3.10 所示。

表 3.4　套箍约束强度试验试件参数

试件编号	钢管外径 D /mm	钢管壁厚 t /mm	柱长 L /mm	钢管强度 f_y /MPa	核心混凝土强度 f_{cu} /MPa	混凝土类型
SC1	165.08	2.1	442	252.35	35.4	珊瑚礁砂
SC2	165.00	2.1	440	252.35	35.4	珊瑚礁砂
C1	165.56	2.1	447	252.35	43.5	普通碎石
C2	165.32	2.1	445	252.35	43.5	普通碎石

图 3.10　钢管套箍约束核心珊瑚混凝土强度试验短柱试件

2. 试验目标

考虑珊瑚骨料混凝土和普通混凝土在骨料性能上的差异,在相同钢管套箍约束条件下,二者侧压应力应有所不同,因此需要进行钢管核心珊瑚混凝土和钢管核心普通混凝土在轴压条件下的侧压应力对比试验。

试验时,通过在钢管混凝土试件承压面上施加直径小于钢管内径的圆形钢垫板,实现仅对核心混凝土施加轴向荷载,钢管不直接承受纵向荷载,加载情况如图 3.11 所示。

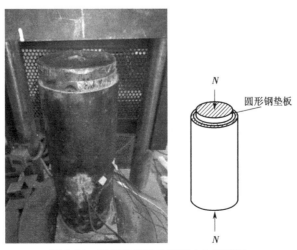

图 3.11　钢管套箍约束混凝土加载情况

通过对试件施加竖向荷载,记录不同荷载条件下的核心混凝土横向应力计数值与钢管环向应变值,经对数据整理分析,得到核心混凝土侧压应力与竖向荷载、钢管环向应变的关系,并与相同条件下试验得到的核心普通混凝土侧压应力与竖向荷载、钢管环向应变的关系进行比较,为开展 CFRP 钢管珊瑚混凝土柱轴压承载能力计算理论解析,科学判定钢管约束珊瑚混凝土侧压系数取值范围,提供试验数据基础。

3. 测点布置

试验前,分别在每个试件柱中截面上部 5 cm 处和下部 5 cm 处垂直交叉埋入混凝土应力计各 1 个,用于观测钢管内部核心混凝土在轴压试验过程中的应力状态;在每个试件的柱中钢管外表面沿环向均匀粘贴 3 个环向应变计,用于记录轴压阶段钢管环向应变变化情况,其测点布置示意如图 3.12 所示。

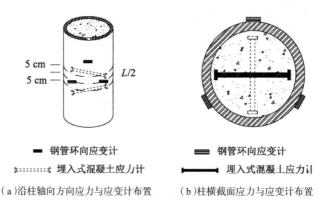

　■ 钢管环向应变计　　　　　　　　■ 钢管环向应变计

　⋯⋯ 埋入式混凝土应力计　　　　　━ 埋入式混凝土应力计

（a）沿柱轴向方向应力与应变计布置　（b）柱横截面应力与应变计布置

图 3.12　钢管套箍约束核心混凝土短柱试件测点布置

4. 加载与测量设备

1）压力机

试验采用的加载设备为济南东测公司生产的 YAW-3000 型微机控制电液伺服压力机,如图 3.13（a）所示。其最大加载力为 3 000 kN,级别为 Ⅰ 级,测量范围为 120~3 000 kN（4%~100%）,试验分辨力为最大量程的 1/200 000。该电液伺服压力机能够通过软件控制系统实现加载力、加载位移两种控制模式进行竖向加载。

2）数据采集系统

试验采用的数据采集系统是江苏东华测试公司生产的 DH3816 型静态应力应变测试分析系统,同步记录加载过程中的轴压荷载值、试件竖向位移值、钢管和碳纤维布测点应变值,如图 3.13（b）所示。

3）电阻应变计

试验采用的电阻应变计（应变片）主要有两类,均由中航工业电测仪器公司生产。其主要技术指标参数见表 3.5。

（a）加载装置与加载示意　　　　　　　　（b）数据采集现场

图 3.13　加载设备与数据采集现场

表 3.5　两类电阻应变计技术指标

型号	电阻值 /Ω	灵敏度	测量类型
BE120-3BC（11）	120.0 ± 0.3	2.5 ± 1	钢材双向
BE120-3AA（11）	120.3 ± 0.1	2.17 ± 1	钢材单向

4）混凝土埋入式应力计

套箍强度试验中在管内混凝土浇筑前,应预先埋置混凝土应力计,以便测试核心混凝土受压条件下的侧向应力变化情况。埋入式应力计采用江苏东华测试公司生产的 DH1204 型混凝土埋入式应力计,如图 3.14 所示。其主要技术指标参数见表 3.6。

图 3.14　DH1204 型混凝土埋入式应力计

表 3.6　DH1240 型混凝土埋入式应力计主要技术指标

型号	供电电压 /V	标距 /mm	变化量	灵敏度 /（ με/mV）	桥路电阻 /Ω
DH1240	DC:2~10	100	± 1.0	2 461	350

5. 加载制度

共进行 2 组 4 个钢管－混凝土／珊瑚混凝土短柱轴向加载对比试验,测试钢管套箍约束作用下的核心混凝土侧压应力。如图 3.15 所示,轴向加载前,预先在柱顶放置比钢管内径略小的圆形钢垫板（直径 140 mm,厚 20 mm）,确保荷载能够直接施加在核心混凝土上,而钢管外壁不直接承受纵向荷载作用,并在保证试件对中后进行加载。首先,以每秒 0.5 MPa 的速度施加荷载至试件截面强度 0.5 MPa 所对应的轴压荷载值(10 kN)作为后续循环加载的基准点,荷载持续恒定 60 s;之后,以同样加载速度加载至核心混凝土极限强度 f_{cu} 对应的 1/3 峰值荷载(210 kN),荷载持续恒定 60 s;然后,以同样速度卸载至试件截面强度 0.5 MPa 对应的轴压荷载值,即基准点处,荷载仍然持续恒定 60 s,以此完成一个加载周期。重复 3 个周期的加载过程,并对 3 次加载过程中的轴向荷载、竖向位移、钢管环向应变以及核心混凝土横向应力 - 应变数据进行记录保存。完成上述加载过程后,完全卸荷,再以同样的加载速度匀速加载至试件破坏,记录试验现象并保存各类试验数据,作为另一组试验测量结果,用于对照比较。

（a）珊瑚混凝土　　　　　　　　　　　　　（b）普通碎石混凝土

图 3.15　钢管套箍约束混凝土弹性阶段加载

3.3.3　试验过程及现象

试件加载测试时,除在试件的顶部放置圆形钢垫板外,还在竖向方向对角架设了 2 个位移计。在弹性段范围内循环加载的时候,试件未出现表观上的变化现象。观察钢管环向应变计与埋入式混凝土应力计的数据变化情况,4 个试件在加载时,两类应变计的数值随轴压荷载的施加立即增大,卸荷后应变数值随即减小,反映了构件整体处于弹性变形阶段。但是埋入核心混凝土的应力计输出数据的变化情况不同于钢管环向应变计的数据,在后两次的循环加载过程中,混凝土应力计数据随卸荷至基准点时的数据明显小于首次卸荷至基准点的应力数据,数据的差值反映了核心混凝土在加载过程中的残余应力大小,而钢管环向应变数据在 3 个循环加载过程中均变化一致,该现象也表明了核心混凝土比钢管具有明显的塑性性质。

试件经历全过程加载至破坏时,钢管底部先出现鼓曲,随着荷载的增加,钢管中截面处也随之发生鼓曲现象。当试件达到峰值荷载时,两组试件均出现屈曲破坏,核心混凝土与钢管出现相对位移变化,圆形钢垫板压入钢管内一定深度(图 3.16),达到极限破坏后的试件形态如图 3.17 所示。

图 3.16　圆形钢垫板压入钢管

图 3.17　试件破坏形态

3.3.4　试验结果分析

1. 试件轴压荷载与核心混凝土横向应力(侧压应力)关系

在循环加载的过程中,混凝土埋入式应力计的读数会随着轴压荷载的加载卸载而增大减小,除首次的加载卸载外,在其余两次的循环加载过程中,荷载处应力计的读数基本一致,具有循环往复性。

以 10、100、200 kN 为荷载特征点,在 3 次加卸载过程中,两组试件(SC1/SC2 柱、C1/C2 柱)的核心约束混凝土,对应横向应变数据平均值见表 3.7。

表 3.7　弹性循环加载的核心混凝土横向应变值

荷载 N/kN	珊瑚混凝土横向应变均值 $\bar{\varepsilon}$ /µε			普通混凝土横向应变均值 $\bar{\varepsilon}$ /µε		
	第一次加载	第二次加载	第三次加载	第一次加载	第二次加载	第三次加载
10	5.18	4.21	4.23	3.68	1.15	1.15
100	63.13	61.47	61.46	26.53	25.37	25.37
200	131.12	127.43	127.40	56.52	54.21	54.31

由于内部混凝土处于弹性阶段,可以通过混凝土的应变和弹性模量计算得到钢管内部核心混凝土的应力,并得到弹性阶段截面竖向应力与混凝土横向应力即侧压应力的关系。相比于普通碎石骨料,珊瑚礁石骨料的孔隙较大,强度较低,具有更大的变形和延性。在相同轴压荷载作用下,经钢管套箍约束的珊瑚混凝土明显比普通混凝土的横向变形要大,侧压应力也要高。以 SC1 柱和 C1 柱的数据对比为例,两者的截面竖向应力与侧压应力的关系如图 3.18 所示。该曲线关系也表明,在钢管套箍约束下的珊瑚混凝土与普通混凝土,在弹性阶段内,随荷载截面竖向应力的变化,其横向应力(即侧压应力)的比值 k_{p} 相差不大(表 3.8)。

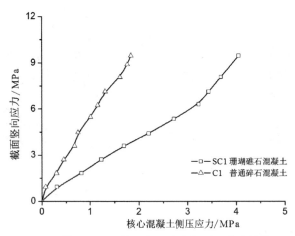

图 3.18　核心混凝土截面竖向应力与侧压应力的关系

表 3.8　核心混凝土侧压应力随截面竖向应力的变化关系

截面竖向应力 σ/MPa	珊瑚混凝土侧压应力 p_c/MPa	普通混凝土侧压应力 p/MPa	$k_p = p_c/p$
1.828 00	0.819 85	0.299 42	2.74
3.593 33	1.690 85	0.673 45	2.51
5.358 67	2.711 59	1.010 18	2.68
7.123 56	3.433 16	1.309 60	2.62
9.456 44	4.047 82	1.833 51	2.21

在弹性阶段内,相同截面竖向应力状态下,核心珊瑚混凝土的侧压应力要大于核心普通混凝土。当荷载继续加载至试件达到极限破坏状态时,钢管珊瑚混凝土试件和钢管普通混凝土试件的极限荷载相似,即钢管珊瑚混凝土的极限荷载值为 1 045 kN,钢管普通混凝土的极限荷载值为 1 150 kN,两者核心混凝土的极限承载强度相差不大。可以认为,当达到极限荷载时,在套箍约束条件下,珊瑚混凝土的侧压应力要大于普通混凝土;对于表征三向受力条件下套箍增强指标的侧压系数 K 而言,珊瑚混凝土的数值要小于普通混凝土的数值。

2. 截面竖向应力与钢管环向应变的关系

在试件加载至破坏的过程中,随着竖向应力的增加,在初始阶段,横向应变基本保持缓慢匀速增长,当竖向应力增加至试件截面极限强度的 85% 左右时,钢管横向应变发生突增,试件的钢管表面出现屈曲鼓突现象。

图 3.19 和图 3.20 反映了钢管珊瑚混凝土试件 SC1 和钢管普通混凝土试件 C1 在加载受力全过程中,其核心混凝土截面竖向应力与钢管横向应变的关系,从曲线变化关系上可以看出,两试件的钢管环向应变随相同加载条件下的核心混凝土截面竖向应力变化的关系趋势相同,但在截面竖向应力达到峰值应力时,钢管珊瑚混凝土(SC1)试件的钢管环向应变值接近 1 000 με,明显要大于钢管普通混凝土(C1)试件的钢管环向应变值 500 με。

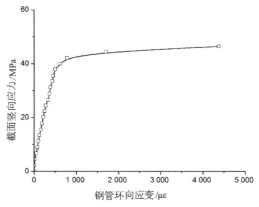

图 3.19 钢管珊瑚混凝土试件(SC1)截面竖向应力与钢管环向应变的关系

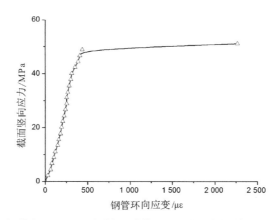

图 3.20 钢管普通混凝土试件(C1)截面竖向应力与钢管环向应变的关系

为了研究三向受力套箍作用下的珊瑚混凝土在侧压条件下,轴心抗压强度与侧压应力之间的关系,记录了试件在承受极限荷载时,即试件截面达到极限强度时,对应的钢管环向应变值(表 3.9)。以试验测试数据为依据,结合钢管本构关系模型,计算得到钢管对应的截面应力,从而为进一步计算钢管套箍约束条件下的珊瑚混凝土侧压系数 K_c 值提供试验依据。

表 3.9 试件轴压强度和钢管环向应变值

试件编号	轴压套箍强度 $f_{c,c}^*$ /MPa	钢管纵向应变 ε_1/με	钢管环向应变 ε_2/με	核心混凝土类型
SC1	46.52	4 241	4 380	珊瑚礁石
SC2	45.21	4 110	4 190	
C1	51.12	2 047	2 265	普通碎石
C2	49.30	1 654	1 989	

3.4　侧压系数取值计算

3.4.1　计算基本假定

根据 2.2 节关于珊瑚骨料基本物理性能的试验测试,珊瑚混凝土接近轻集料混凝土,一般不作高强混凝土使用;关于钢管混凝土的实际工程应用,钢管通常的径厚比(D/t)较大,钢管套箍系数不会太高。因此,考虑钢管珊瑚混凝土组合结构作为受压构件的工程应用,珊瑚混凝土在钢管套箍约束条件下,其轴压应力 $\sigma_{c,c}$ 与侧压 p_c 的关系,多数情况可按线性关系考虑,即侧压系数 K_c 按常数取值。

对于核心约束珊瑚混凝土在钢管套箍条件下的侧压系数 K_c 取值计算,有如下基本假定。

(1)核心珊瑚混凝土三向受力状态下,其套箍增强应力与侧压应力满足式(3.1)的线性关系,即 $\sigma_{c,c} = f_{c,c} + K_c p_c$ 。

(2)套箍钢管为理想弹塑性材料,满足 Von Mises 屈服准则,即

$$\sigma_1^2 + \sigma_1 \sigma_2 + \sigma_2^2 = f_a^2 \tag{3.6}$$

式中: σ_1 为钢管纵向应力; σ_2 为钢管环向应力; f_a 为钢管屈服强度。

(3)根据试验加载方式,仅核心珊瑚混凝土受压,钢管不承受纵向荷载压力。

(4)由于钢管壁较薄,忽略沿壁钢管壁厚对材料应力的影响,其环向应力 σ_2 沿钢管壁厚均匀分布。

3.4.2　钢管工作的本构模型

根据假定(4),钢管环向应力 σ_2 沿钢管壁厚均匀分布,且忽略径向应力 σ_r 影响,按平面应力条件计算,其本构关系如图 3.21 所示。

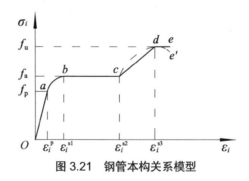

图 3.21　钢管本构关系模型

根据图 3.21 所示的钢管应力应变关系,将其受力过程分为弹性阶段(Oa 段)、弹塑性阶段(ab 段)、塑性阶段(bc 段)和强化阶段(cde 段)。其中,各阶段的本构方程分别按以下关系式考虑[110]。

1. 弹性阶段

$$\sigma_1 = \frac{E_a}{1-\mu_s^2}(\varepsilon_1 + \mu_s\varepsilon_2) \tag{3.7}$$

$$\sigma_2 = \frac{E_a}{1-\mu_s^2}(\varepsilon_2 + \mu_s\varepsilon_1) \tag{3.8}$$

式中：σ_1、σ_2 分别为钢管的纵向和环向应力；ε_1、ε_2 分别为钢管的纵向和环向应变。

根据假定（2），应力强度服从 Von Mises 屈服准则，则应力强度为

$$f_i = \sqrt{\sigma_1^2 + \sigma_2^2 - \sigma_1\sigma_2} \tag{3.9}$$

式中：当 $f_i = f_p$ 时，为钢管弹性阶段与弹塑性阶段的临界点；当 $f_i = f_a$ 时，钢管达到屈服应力。

2. 弹塑性阶段

弹塑性阶段钢管的本构方程按弹性增量理论公式考虑，即

$$d\sigma_1 = \frac{E_a^t}{1-(\mu_s^t)^2}(d\varepsilon_1 + \mu_s^t d\varepsilon_2) \tag{3.10}$$

$$d\sigma_2 = \frac{E_a^t}{1-(\mu_s^t)^2}(d\varepsilon_2 + \mu_s^t d\varepsilon_1) \tag{3.11}$$

式中：E_a^t 为钢管切线模量；μ_s^t 为钢管弹塑性阶段的泊松比，且有

$$E_a^t = \frac{\sigma_i(f_y - \sigma_i)}{f_p(f_y - f_p)} E_a \tag{3.12}$$

$$\mu_s^t = 0.217\frac{\sigma_i - f_p}{f_y - f_p} + 0.283 \tag{3.13}$$

弹塑性阶段与塑性阶段的临界点 ε_i^{s1} 按下式确定：

$$\varepsilon_i^{s1} = \frac{\sqrt{2(\varepsilon_1 - \varepsilon_2)^2 + (\varepsilon_2 - \varepsilon_r)^2 + (\varepsilon_r - \varepsilon_1)^2}}{3} = \varepsilon_y \tag{3.14}$$

式中：ε_y 为钢管屈服应变；环向应变 ε_2 与径向应变 ε_r 相等。

3. 塑性阶段

钢管进入塑性阶段后，体积不变；$\mu_s^s = 0.5$，根据伊柳辛全量理论，其应力和应变的关系如下：

$$\sigma_1 = \frac{2f_y}{3\varepsilon_i}(\varepsilon_1 - \varepsilon_r) \tag{3.15}$$

$$\sigma_2 = \frac{2f_y}{3\varepsilon_i}(\varepsilon_2 - \varepsilon_r) \tag{3.16}$$

$$\varepsilon_r = 3\theta_V - (\varepsilon_1 + \varepsilon_2) \tag{3.17}$$

式中：θ_V 为钢管进入塑性阶段后的体积最终变形，满足 $\theta_V = \frac{1}{3}(\varepsilon_{1,b} + \varepsilon_{2,b} + \varepsilon_{r,b})$，其中 $\varepsilon_{1,b}$、$\varepsilon_{2,b}$

分别为钢管处于弹塑性阶段终点处的钢管纵向应变和环向应变实测值，$\varepsilon_{r,b}$ 为对应的

钢管径向应变值，且 $\varepsilon_{r,b} = \frac{-\mu_s^s(\varepsilon_{1,b} + \varepsilon_{2,b})}{1-\mu_s^s} = -(\varepsilon_{1,b} + \varepsilon_{2,b})$，其中 $\mu_s^s = 0.5$，代入体积变形

关系式中有 $\theta_V=0$，即钢管进入塑性阶段后，体积不变；ε_i 为钢管处于塑性阶段（bc 段）终点 c 处的应变测定值，有 $\varepsilon_i = \varepsilon_i^{s2}$。

4. 强化阶段

钢管进入强化阶段，仍按伊柳辛全量理论，其应力与应变关系如下：

$$\sigma_1 = \frac{2\sigma_i}{3\varepsilon_i}(\varepsilon_1 - \varepsilon_r) \tag{3.18}$$

$$\sigma_2 = \frac{2\sigma_i}{3\varepsilon_i}(\varepsilon_2 - \varepsilon_r) \tag{3.19}$$

$$\varepsilon_r = 3\theta'_V - (\varepsilon_1 + \varepsilon_2) \tag{3.20}$$

式中：θ'_V 为钢管在强化阶段的体积最终变形，满足 $\theta'_V = \frac{1}{3}(\varepsilon_{1,c} + \varepsilon_{2,c} + \varepsilon_{r,c})$，其中 $\varepsilon_{1,c}$、$\varepsilon_{2,c}$ 分别为钢管处于塑性阶段终点处的钢管纵向应变和环向应变实测值，$\varepsilon_{r,c}$ 为对应的钢管径向应变值，且 $\varepsilon_{r,c} = -(\varepsilon_{1,c} + \varepsilon_{2,c})$。

此时的应力强度按下式计算：

$$\sigma_i = f_y + E'_a(\varepsilon_i - \varepsilon_i^{s2}) \tag{3.21}$$

式中：$E'_a \cong 0.003E_a$。

以上为钢管在纵压和环拉应力状态下，各阶段的应力和应变关系。

此外，钢管在套箍约束条件下，其受力状态如图 3.22 所示。图中处于轴压状态的薄壁钢管，其环拉应力 σ_2 与径向应力 σ_r 有如下平衡条件：

$$\int_0^{\pi} \sigma_r \frac{d_c}{2} l \sin\theta \, d\theta = 2tl\sigma_2 \tag{3.22}$$

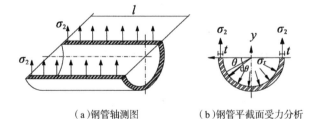

（a）钢管轴测图　　　　　（b）钢管平截面受力分析

图 3.22　钢管轴压受力简图

整理得到：

$$\sigma_2 = \sigma_r \frac{d_c}{2t} \tag{3.23}$$

式中：d_c 为核心珊瑚混凝土直径（钢管内径）；t 为钢管壁厚。

3.4.3　侧压系数计算

对于钢管套箍约束下的珊瑚混凝土侧压系数取值，可按以下步骤计算得到。

首先，以 3.3.4 节关于钢管珊瑚混凝土套箍增强比较试验中极限荷载下的纵向应变 ε_1 和环向应变 ε_2 的测试数据为依据（表 3.9），利用钢管本构模型塑性阶段的应力应变关

系 [110],即式(3.18)、式(3.19)和式(3.20)计算得到钢管的环向应力 σ_2。

其次,根据图 3.22 中的钢管混凝土静力平衡条件关系式(3.22)和式(3.23)计算得到核心珊瑚混凝土受到的侧向应力 p_c。

最后,将 3.3.4 小节中的短柱试验中轴压套箍强度值 $f_{c,c}^*$、珊瑚混凝土无侧压抗压强度值 $f_{c,c}$ 以及侧向应力 p_c 代入式(3.1)计算出侧压系数 K_c 的具体数值。

按上述分别计算出 3.3 节关于钢管套箍约束混凝土强度试验中试件的核心混凝土侧压系数值,见表 3.10。

表 3.10 套箍增强核心混凝土侧压应力与侧压系数

试件编号	核心混凝土类型	轴压套箍强度 $f_{c,c}^*(f_c^*)$ /MPa	混凝土强度 $f_{c,c}(f_c)$ /MPa	侧压应力 p_c /MPa	侧压系数 $K_c(K)$
SC1	珊瑚礁石	46.52	33.01	5.13	2.61
SC2	珊瑚礁石	45.21	33.01	4.97	2.45
C1	普通碎石	51.12	37.73	3.27	4.13
C2	普通碎石	49.30	37.73	2.95	3.92

分别对表 3.10 中的钢管约束普通混凝土侧压系数 K 取平均值为 4.025,对钢管约束珊瑚混凝土侧压系数 K_c 取平均值为 2.53。可以看出,与普通混凝土相比,钢管约束核心珊瑚混凝土的侧压系数较小。以试验结果推算的三向受压普通混凝土侧压系数值,比较符合钢管混凝土理论分析中对约束混凝土侧压系数取 $K=4.0$ 的计算条件 [107-108]。因此,关于钢管约束核心珊瑚混凝土的侧压系数在常数范围内的取值,可按 $K_c=2.53$ 的计算条件进行。

3.5 本章小结

本章针对钢管套箍约束珊瑚混凝土的套箍增强机理,分别进行了理论分析与试验研究,主要包括以下 3 个方面的内容:一是从珊瑚混凝土三向受压破坏机理分析入手,提出了三向受力状态下的珊瑚混凝土套箍强度理论模型,并界定了不同套箍约束条件下的核心珊瑚混凝土侧压系数的取值条件;二是设计和开展了钢管套箍约束核心混凝土强度的比较试验,分别对以珊瑚礁石和普通碎石作骨料的两类核心混凝土在套箍约束作用下的受力特征进行了比较分析,从而掌握了两类套箍约束混凝土在弹性阶段内轴向应力与侧压应力间存在的明显不同的变化关系;三是以极限强度下钢管环向应变的试验数据代入解析理论表达式,计算得到了套箍约束珊瑚混凝土侧压系数按常数取值的数值,为约束珊瑚混凝土套箍强度理论模型的应用提供了计算条件。

本章理论解析与试验研究是全书研究的基础,通过理论分析与比较试验,掌握约束珊瑚混凝土在钢管约束下的套箍增强机理,得到了侧压系数计算取值条件,为进一步开展 CFRP 外包钢管珊瑚混凝土短柱轴压试验与承载理论解析奠定了理论基础。

第4章 圆形截面CFRP外包钢管珊瑚混凝土短柱轴压试验研究

4.1 引言

通过对钢管珊瑚混凝土受压构件外包CFRP布,可以提高受压构件承载力,改善构件延性,提高结构耐久性。为开展CFRP外包钢管珊瑚混凝土受压构件承载力研究,需要通过短柱轴压试验,客观揭示短柱受压构件的受力机理,验证CFRP外包钢管对核心混凝土约束的增强效果,为科学计算轴心受压短柱构件的极限承载力提供试验数据支撑。试验研究以截面尺寸、长径比、外包CFRP布、含钢率等为参数,对短柱轴压加载直至极限破坏,记录和分析轴压试件的强度破坏形态与荷载位移变化规律,以便客观掌握CFRP外包钢管珊瑚混凝土短柱的轴压承载性能,为理论解析奠定试验基础。

4.2 试验材料及试件制作

4.2.1 试验材料

试验材料中的珊瑚砂石骨料、钢管均与3.3节关于约束珊瑚混凝土钢管套箍强度试验所采用的珊瑚砂石骨料、钢管相同,不再赘述。此处对不同材料进行表述。

1. 珊瑚混凝土

短柱轴压试验与钢管套箍约束强度试验所采用的珊瑚混凝土,在骨料级配和配合比方面均相同,因浇筑批次不同,强度指标略有差异,见表4.1。

表4.1 短柱试件混凝土性能指标

试验类别	混凝土类型	立方体抗压强度 f_{cu} /MPa	轴心抗压强度 f_c /MPa	弹性模量 E /($\times 10^4$ MPa)
短柱轴压破坏试验	珊瑚混凝土	35.81	33.92	3.098

此外,在珊瑚混凝土制备方面,采用人工海水替代普通淡水,人工海水参照我国南海海水离子指标人工配制[98],每100 L海水离子成分配比见表4.2。

表 4.2　每 100 L 人工海水离子成分配比

盐离子成分	NaCl /g	MgCl₂ /g	Na₂SO₄ /g	CaCl₂ /g	KCl /g	NaHCO₃ /g
用量 /100 L	2 216	526.5	386.1	108.2	74.5	20.7

2.CFRP 布与黏结胶

钢管珊瑚混凝土外包的聚合物纤维（FRP）与黏结胶均采用上海溕口实业有限公司生产的赛克（SKO）碳纤维布和碳纤维浸渍胶（图 4.1 和图 4.2）。

图 4.1　碳纤维布（CFRP）

图 4.2　碳纤维浸渍胶

外包 CFRP 布单位面积质量为 200 g/m²，碳纤维布理论厚度为 0.111 mm，经 CMA 检测，其材料性能指标见表 4.3。用于粘贴 CFRP 布的碳纤维粘贴胶为双组分、无溶剂、高强度环氧类胶黏剂，其 A 组分与 B 组分按 2∶1 的比例混合，搅拌均匀后在 60 min 内完成对 CFRP 布的粘贴。碳纤维浸渍胶 3 h 固化，8 h 强度稳定，固化密度为 1.05~1.30 g/cm³，施工温度为 −15~46 ℃，经 CMA 检测的性能指标见表 4.4。

表 4.3　赛克（SKO）碳纤维布性能参数检测指标

参数类型	抗拉强度 f_{cf} /MPa	受拉弹性模量 E_{cf} /MPa	弯曲强度 $f_{cf,cm}$ /MPa	剪切强度 $f_{cf,q}$ /MPa	密度 ρ_{cf} /（g/m²）	厚度 t_{cf} /mm	伸长率 /%
目标值	≥ 3 000	≥ 2.1 × 10⁵	≥ 700	≥ 45	≥ 200	≥ 0.1	≥ 1.5
检测值	3 245	2.24 × 10⁵	718.6	45.8	202	0.111	1.71

表 4.4　赛克（SKO）碳纤维浸渍胶性能参数检测指标

参数类型	胶体性能					黏结性能		
	抗拉强度 $f_{ad,t}$ /MPa	受拉弹性模量 E_{ad} /MPa	伸长率 /%	抗弯强度 $f_{ad,cm}$ /MPa	抗压强度 $f_{ad,c}$ /MPa	钢黏结抗剪强度 $f_{ad,q}$ /MPa	钢黏结不均匀撕裂强度 $f_{ad,s}$ /MPa	冲击平均剥离长度 L_{ad} /mm
目标值	≥ 40	≥ 2.5 × 10³	≥ 1.5	≥ 50	≥ 70	≥ 14	≥ 20	≤ 20
检测值	41.3	2.802 9 × 10³	1.7	65.4	97	16.4	20.8	0（无开裂）

4.2.2　试件制作

对钢管外壁进行打磨除锈并均匀涂胶,将裁剪好的碳纤维布拉平贴于钢管涂胶面,采用橡胶棒和塑料刮板反复碾压拉伸,促使碳纤维布拉伸平直、延展、无气泡,且黏合剂充分渗透。完成 CFRP 布初始黏结固定后,再次在 CFRP 布表面上滚涂环氧树脂浸渍胶,确保充分浸润碳纤维布的纤维,其粘贴工艺流程如图 4.3 所示。根据《碳纤维片材加固混凝土结构技术规程》(CECS 146:2003),碳纤维布搭接长度为 20 cm[109]。

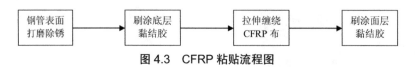

图 4.3　CFRP 粘贴流程图

对养护龄期 28 d 的钢管珊瑚混凝土试件,对钢管外表面进行打磨除锈,考虑珊瑚混凝土收缩且使顶部承压面平整,对距离钢管顶部 2 mm 且垂直于钢管轴线方向进行截断。

4.3　试验设计

4.3.1　试件参数

CFRP 外包钢管珊瑚混凝土短柱轴压破坏试验以短柱截面尺寸、含钢率、钢管套箍系数、CFRP 布缠绕层数、柱长径比为变化参数,共设计 18 组,每组 2 个试件,共 36 个试件。试件实际的基本参数情况见表 4.5。

表 4.5　短柱轴压破坏试验试件参数

试件编号	钢管外径 D /mm	钢管壁厚 t /mm	短柱长度 L /mm	CFRP 布缠绕层数 n	长径比 L/D	含钢率 ρ
SC1	109.10	1.52	298.0	0	2.73	0.056
SC2	110.00	2.04	296.0	0	2.69	0.074
SC3	134.80	2.00	300.0	0	2.23	0.059
SC4	135.02	2.00	375.0	0	2.78	0.059
SC5	135.00	2.46	298.0	0	2.21	0.073
SC6	134.80	3.02	300.0	0	2.23	0.090
SC7	159.46	1.98	450.0	0	2.82	0.050
FSC0	109.10	1.52	298.0	1	2.73	0.056
FSC1	110.00	2.04	296.0	1	2.69	0.074
FSC2	134.80	2.00	300.0	1	2.23	0.059
FSC3	135.00	2.46	298.0	1	2.21	0.073
FSC4	134.80	3.02	300.0	1	2.23	0.090

试件编号	钢管外径 D /mm	钢管壁厚 t /mm	短柱长度 L /mm	CFRP 布缠绕层数 n	长径比 L/D	含钢率 ρ
FSC5	135.02	2.00	375.0	1	2.78	0.059
FSC6	159.46	1.98	450.0	1	2.82	0.050
FSC1（2）	110.00	2.04	296.0	2	2.69	0.074
FSC2（2）	134.80	2.00	300.0	2	2.23	0.059
FSC3（2）	135.00	2.46	298.0	2	2.21	0.073
FSC4（2）	134.80	3.02	300.0	2	2.23	0.090

表 4.5 中含钢率按 $\rho=A_a/A_c\approx 4t/D$ 简化计算,其中 A_a 为钢管截面面积, A_c 为核心珊瑚混凝土截面面积, t 为钢管壁厚, D 为钢管外径。

浇筑养护期间,未包 CFRP 布的钢管珊瑚混凝土短柱试件情况如图 4.4 所示。

图 4.4　浇筑成型的钢管珊瑚混凝土短柱试件

4.3.2　试验目标

CFRP 钢管珊瑚混凝土短柱轴压试验的试验目标是通过对试件施加轴心荷载,一方面重点观察和记录试件在加载各阶段力学行为的变化特点,从表观试验现象分析 CFRP 外包钢管珊瑚混凝土短柱轴压作用下的变形特点、承载能力以及破坏形态等;另一方面采用测量设备和仪器记录试件上各个预置测点在整个受荷阶段随荷载变化的数据信号响应情况,从数据变化上掌握短柱构件随轴压荷载变化的构件竖向位移、钢管的纵向应变和环向应变以及外包 CFRP 布的环向应变等响应规律。通过对构件加载后的现象观测,结合材料变形特征规律的分析总结,深入细致地分析 CFRP 钢管珊瑚混凝土短柱构件在轴压作用下的受力性能与工作机理,得到不同参数的短柱轴压承载强度,为下一步建立 CFRP 钢管珊瑚混凝土短柱轴压承载力计算理论奠定充分的试验研究基础。

4.3.3 测点布置

对于钢管珊瑚混凝土短柱试件,分别按柱高 L 的 1/4、1/2、3/4 高度,在钢管外壁沿截面环向各均匀布置 3 个测点,共 9 个测点,每个测点均粘贴横向和纵向应变计,如图 4.5 所示。

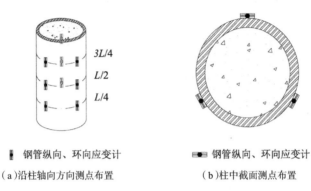

（a）沿柱轴向方向测点布置　　　　（b）柱中截面测点布置

图 4.5　钢管珊瑚混凝土短柱试件应变测点布置

对于 CFRP 钢管珊瑚混凝土短柱试件,为避免测点过多而影响碳纤维布粘贴效果,仅在柱中截面处的钢管外表面沿环向均匀布置 3 个测点,用于测试钢管的横向和纵向应变;在外包的 CFRP 布外表面,也只在柱中截面的 CFRP 布上对称布置 2 个测点,测试 CFRP 布的横向应变,如图 4.6 所示。故每个短柱试件有 5 个测点。

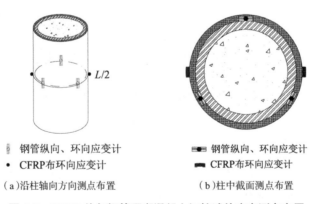

（a）沿柱轴向方向测点布置　　　　（b）柱中截面测点布置

图 4.6　CFRP 外包钢管珊瑚混凝土短柱试件应变测点布置

4.3.4 加载与测量设备

正式加载前,先对试件进行预压,观测试件柱中截面处钢管的纵向应变数值,当 3 个纵向应变的数值基本一致时,可认为试件对中,正式开始进行试验。试验采用的压力机、数据信号采集系统、位移计均与 3.3 节关于约束珊瑚混凝土钢管套箍强度试验所采用的仪器设备相同,不再赘述,详见 3.3.2 小节相关内容。此处仅列出试验采用的电阻应变计和手持式应变仪性能参数,见表 4.6 和表 4.7。

表 4.6　各类电阻应变计技术指标

型号	电阻值 /Ω	灵敏度	测量类型
BE120-3BC（11）	120.0 ± 0.3	2.5 ± 1	钢材双向
BE120-3AA（11）	120.3 ± 0.1	2.17 ± 1	钢材单向
BE120-3AA（2）	120.3 ± 0.1	2.09 ± 1	碳纤维布单向

表 4.7　手持式应变仪基本技术参数

型号	基距 /mm	位移计量程 /mm	最小刻度 /με	线膨胀系数 α/℃$^{-1}$	外形尺寸（长 × 宽 × 高）/mm	质量 /kg
YB15	150	± 5	40	1.5×10^{-6}	$280 \times 71 \times 75$	0.8
YB25	250	± 5	40	1.5×10^{-6}	$280 \times 71 \times 75$	0.8

4.4　试验过程与结果分析

4.4.1　试验过程及现象

共进行 11 组 CFRP 外包圆钢管珊瑚混凝土短柱试件轴压破坏试验,试件按顺序编号为 FSC0~FSC10;对应各类变化参数,进行 7 组无 CFRP 外包钢管珊瑚混凝土试件在相同加载条件下的轴压破坏试验,与外包 CFRP 试验作对比,其试件按顺序编号为 SC1~SC7。本次试验全部试件破坏后形态如图 4.7 所示。

图 4.7　短柱极限承载破坏试验全部试件

CFRP 外包圆钢管珊瑚混凝土轴心受压短柱,在施加荷载初期,试件柱处于线弹性阶段,整个试件没有明显变形;随着轴压荷载的增加,能够听到管内核心珊瑚混凝土有微弱碎裂声音;荷载继续增大,整个试件的竖向位移明显增加,在试件长度方向出现环向外鼓,多数试件的初始外鼓位置为柱高的 2/3~3/4 处;此后的加载过程中,在钢管表面与 CFRP 布黏结作用的失效处,发出"噼啪"声,并随加载过程,声音越来越密集,试件的外鼓逐渐增多并相互连通,竖向位移增大;当荷载施加至一定数值时,局部 CFRP 布出现较大的断裂声响,荷载位移关系出现流塑现象,并且多数试件在 CFRP 布断裂后,外加荷载数值下降,反映出轴压承载能力下降;此后受压试件在持续加载的过程中, CFRP 布开裂且部分纤维被撕裂,试件体积变形较大,但试件柱的承压荷载数值恢复增加的趋势;继续加载,竖向位移和横向变形继续增大,试件仍有承载能力,承压荷载数值继续增加,直至轴压荷载增加到一定数值,由于钢管崩裂,试件突然发出"砰"的声响,迅速失去承载能力。以下是轴压短柱破坏试验中具有代表性试件的破坏现象描述。

1.SC2 试件

SC2 试件为无 CFRP 布外包的圆钢管珊瑚混凝土试件,加载初期,试件无明显变形,轴压荷载数值与竖向位移的数值大致呈线性增加。当荷载数值达到 320 kN 左右时,钢管内珊瑚混凝土有微弱声响,随后荷载达到 430 kN,距顶部 70 mm 处钢管出现外鼓(图 4.8);继续加载,试件竖向位移增大,距顶部 70 mm 处钢管外鼓明显,且在该处下方约 5 mm 处钢管也开始出现鼓曲;此后,随荷载逐渐增加,原有钢管屈曲现象加重,当荷载增至 519 kN 后,试件承载力不再上升,并有所下降,而竖向位移数值急剧增大;当竖向位移达到 29 mm 时,钢管在焊缝处开裂,承载力开始下降,破坏形态如图 4.9 所示。

图 4.8 　钢管外壁屈曲　　　　　　　　图 4.9 　钢管焊缝开裂

2. SC3 试件

在试验加载初期,SC3 试件保持原状,无明显变化,试件的竖向位移数值随着施加荷载数值的增加,大致呈线性增加,可认为试件处于弹性工作阶段。当荷载数值达到 600 kN 左右时,距试件顶部约 25 mm 处钢管出现轻微鼓曲(图 4.10);随着荷载的增加,距试件底部约 70 mm 处钢管出现鼓曲;此后,原有钢管屈曲现象更加明显,在原有鼓曲的地方下端又出现新的鼓曲;当荷载增至 700 kN 后,试件承载力缓慢下降。当试件竖向位移达到约 55 mm 时,试件承载力出现缓慢的增加;当位移达到 92 mm 时,试件崩裂,发出巨响,承载力急剧下降。试件的破坏形态如图 4.11 所示,呈现典型的腰鼓型破坏现象。

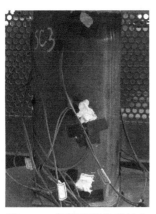

图 4.10 钢管顶部出现鼓曲

图 4.11 腰鼓型破坏

3. FSC1 试件

FSC1 试件为钢管外层包裹 1 层碳纤维布的试件。在施加荷载初期,试件的受力变形处于线弹性阶段,整个试件没有明显变形;随着荷载的增加,当竖向荷载达到 350 kN 左右时,碳纤维布由于受拉,固结的环氧树脂黏结胶失效,并发出"噼啪"的声响;当荷载持续增至 510 kN 左右时,试件中部偏上开始出现鼓曲(图 4.12),随着荷载的增加,碳纤维布被拉毛,CFRP 布开始出现爆裂的声音;当荷载达到 560 kN 左右时,钢管中部偏下的位置也开始出现鼓曲,且上部出现鼓曲的位置碳纤维布被拉断;随着荷载的增加,钢管的鼓曲逐渐加剧,碳纤维布断裂的也越来越多;当荷载达到 648 kN 时,试件中部截面处的碳纤维布整体断裂,并与钢管剥离(图 4.13),试件承载力也开始下降。

图 4.12 柱中鼓曲开始

图 4.13 截面碳纤维布断裂

4. FSC2 试件

在施加荷载初期,试件处于线弹性工作阶段,整个试件没有明显变形;随着荷载的增加,当轴压荷载达到约 450 kN 时,试件开始出现"噼啪"的声响;当荷载持续增加到 700 kN 时,在距顶部 110 mm 处钢管出现外鼓现象(图 4.14);当荷载达到 710 kN 时,试件中部和下部的钢管也开始出现鼓曲,距顶端 110 mm 处的鼓曲更加明显,且有部分碳纤维布被拉开;随着荷载的增加,整个试件的鼓曲现象越来越严重,当荷载达到 893 kN 时,试件上部的碳纤维布几乎全部断裂(图 4.15)。

图 4.14　顶部钢管外鼓

图 4.15　上部碳纤维布断裂

5. FSC3 试件

在施加荷载初期,试件处于线弹性阶段,整个试件没有明显变形;随着荷载增加到 570 kN 时,钢管上涂抹的碳纤维浸渍胶开裂,发出"噼啪"的剥离声响;当荷载持续增加到 850 kN 时,约在试件的 $L/4$ 处钢管开始屈曲外鼓,且该处的碳纤维布已经部分被拉断,钢管裸露在外面;随着荷载的增加,鼓曲现象越来越严重,当轴向荷载达到 880 kN 左右时,在试件柱中截面处的碳纤维布也发生断裂(图 4.16);当荷载持续增加到 1 097 kN 时,试件在焊缝处开裂,随着位移的增加,承载力持续下降,碳纤维布多处被拉断(图 4.17)。

图 4.16　柱中截面碳纤维布断裂

图 4.17　钢管焊缝开裂

6. FSC4 试件

在施加荷载初期,试件处于线弹性阶段,没有明显变形;当荷载持续增加到 590 kN 时,部分钢管表面与 CFRP 布黏结作用失效,发出"噼啪"的响声;随着荷载的增加,响声越来越密集, 当荷载增加到 800 kN 时, 试件中部的钢管出现鼓曲, 此后, 随着荷载的增加, 在钢管的上部和下部陆续出现鼓曲, 当荷载达到 1 134 kN 时, 在试件 3/4L 高度处的碳纤维布整体被拉断(图 4.18); 随后, 承载力开始下降, 之后又有所上升; 撤除位移计后, 利用位移控制加载至承载力急剧下降时, 试件被压扁(图 4.19)。

图 4.18　试件 L/4 高度处碳纤维布被整体拉断

图 4.19　试件被压扁

7. FSC5 试件

对于 FSC5 试件, 在试验加载的初始阶段, 试件处于线弹性阶段, 整个试件外形没有明显的变化; 荷载随着位移的增加持续增加, 当荷载达到约 530 kN 时, 可以听见由于碳纤维布环向受力致使环氧树脂胶发出“噼啪”的声响, 且随着荷载的增加响声越来越密集; 当荷载持续增加到 640 kN 左右时, 在试件约 L/4 高度处出现鼓曲(图 4.20), 碳纤维布受拉变形; 当荷载达到 720 kN 时, 试件的柱中截面处钢管也出现鼓曲, 随着荷载的增加, 柱中截面处钢管的鼓曲现象越来越严重; 当荷载达到 904 kN 时, 柱中截面处的碳纤维布几乎全部断裂(图 4.21)。

图 4.20　试件 L/4 处钢管鼓曲

图 4.21　柱中碳纤维布断裂

8. FSC6 试件

在施加荷载初期, 试件处于线弹性阶段, 整个试件没有明显变形, 位移随着荷载的增加基本呈线性增长的趋势;当轴压荷载达到 640 kN 左右时,试件发出清脆的"噼啪"声响;当荷载达到 800 kN 左右时,试件中部以下的碳纤维布被拉毛,微微泛白(图 4.22);随着荷载的增加,试件上部分钢管出现鼓曲现象,并且鼓曲越来越大;当承载力增加到 1 102 kN 时,试件上半部分的碳纤维布几乎全被拉断(图 4.23)。

图 4.22　碳纤维布拉毛泛白

图 4.23　上部碳纤维布断裂

9. FSC1(2)试件

FSC1(2)试件为钢管外包两层碳纤维布的试件。与外包一层碳纤维布的试件相似,在施加荷载初期,试件处于线弹性阶段,整个试件没有明显变形;当竖向荷载达到 410 kN 左右时,钢管的环向开始受力,粘贴碳纤维布的环氧树脂由于碳纤维布横向变形发出声响;当荷载持续增加到 578 kN 左右时,在试件的中部截面处发现试件开始出现鼓突;当荷载达到 630 kN 左右时,试件中部偏上和偏下的位置也开始出现鼓曲;随着荷载的增加,鼓曲现象越发明显,碳纤维布断裂也越来越多(图 4.24);当荷载达到 860 kN 时,试件柱中截面处的碳纤维布与钢管剥离,并随着竖向位移的增加,钢管焊缝处出现开裂,承载力逐渐下降(图 4.25)。

图 4.24　碳纤维布断裂

图 4.25　焊缝开裂

10. FSC2(2)试件

在施加荷载初期,试件处于线弹性阶段,整个试件没有明显变形;随着荷载的增加,试件外壁开始发出声响;当荷载持续增加到 700 kN 左右时,在试件的柱中截面处开始出现鼓突现象;当荷载达到约 850 kN 时,鼓突加重,部分碳纤维布被拉断,钢管外露(图 4.26);随着荷载增加,试件柱中截面处的碳纤维布环向变形越来越大,当荷载达到 1 001 kN 时,试件中部截面处的碳纤维布几乎整体与钢管剥离(图 4.27)。

　　　图 4.26　钢管外露　　　　　　　　　　图 4.27　碳纤维布剥离

11. FSC3(2)试件

在施加荷载初期,试件处于弹性阶段,没有明显变形;随着荷载增加,竖向位移缓慢发生变化,当施加的荷载达到 620 kN 时,碳纤维布与浸渍胶发出"噼啪"的剥离声响;当施加的荷载持续增加到 890 kN 时,在距试件顶端约 50 mm 处试件出现外鼓现象(图 4.28),且该处的碳纤维布有一小部分已经被拉断,可以看到钢管;随着荷载的增加,鼓曲现象越来越严重,当荷载持续增加到 1 174 kN 时,试件上部沿着焊缝开裂,随着变形的增大,焊缝开裂越来越明显,碳纤维布几乎整体被环向拉断(图 4.29)。

　　　图 4.28　上部钢管鼓曲　　　　　　　图 4.29　碳纤维布整体被拉断

12. FSC4(2)试件

在施加荷载初期,试件没有明显变形;当荷载持续增加到 590 kN 时,试件会发出"噼啪"的响声,随着荷载的增加,响声越来越密集;当荷载增加到 1 060 kN 时,试件中部的钢管出现鼓曲,且碳纤维布出现断裂(图 4.30);此后,随着荷载的增加,试件的柱中截面处钢管的鼓曲现象越来越严重,当荷载达到 1 310 kN 时,试件的柱中截面以下的碳纤维布几乎整体被拉断(图 4.31),且外层碳纤维布与里层碳纤维布剥离,随后承载力开始下降。

图 4.30 试件中部钢管鼓曲

图 4.31 下端碳纤维布拉断

4.4.2 试验结果分析

1. 轴压荷载与竖向位移关系

1)钢管珊瑚混凝土短柱试件的荷载位移关系

对钢管珊瑚混凝土试件的荷载位移曲线进行分析,一方面,取不同钢管套箍系数的试件作对比,即对截面尺寸和高度相同、钢管壁厚不同的钢管珊瑚混凝土试件而言,随着钢管壁厚增加,极限荷载值依次增大(图 4.32 和图 4.33),而且从图中还可以看出,两条曲线在接近坐标原点的线性段有所不同,钢管壁厚越大的试件,其荷载位移曲线的弹性阶段越小;另一方面,取长径比不同的试件对比,即对截面尺寸和钢管壁厚相同、高度不同的钢管珊瑚混凝土试件而言,两者极限荷载相差不大,但高度大的试件(SC4 柱)比高度小的试件(SC3 柱)位移变化量要大(图 4.34),说明短柱轴压条件下,长径比对其极限荷载影响不大,但对试件的荷载变形情况有一定影响。

此外,从所有试件的轴压受力过程可以发现,大部分试件的承载力都经历了上升、下降、保持不变以及再次上升和下降破坏的过程。从理论上分析:在加载初期,钢管对核心混凝土未产生套箍作用,两者之间保持相对独立的工作状态,试件整体处于弹性工作阶段,曲线近似为一条斜直线;随着竖向承载力的增加,混凝土内部的裂缝扩展,骨料间隙增大,整体横向变形增加,并与钢管间发生相互作用,此时荷载位移曲线由斜直线变为平滑曲线,斜率降低;试件达到最大承载力时,钢管开始出现屈服,最后残余承载力趋于恒定。

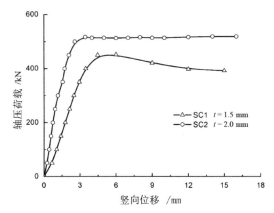

图 4.32　不同壁厚试件的荷载位移曲线(D =110 mm, L =300 mm)

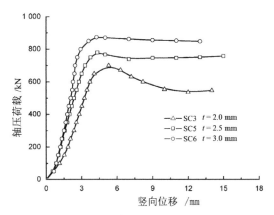

图 4.33　不同壁厚试件的荷载位移曲线(D =135 mm, L =300 mm)

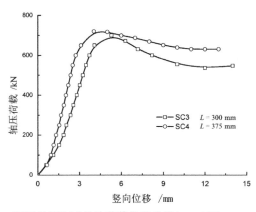

图 4.34　不同长径比试件的荷载位移曲线(D =135 mm, t =2 mm)

2)CFRP 外包钢管珊瑚混凝土短柱试件的荷载位移关系

首先考虑钢管套箍系数的影响。钢管套箍系数的变化在试验设计中体现为两种情况:一是相同截面尺寸下钢管的壁厚不同,二是相同钢管壁厚下试件的截面尺寸不同。

以 FSC2、FSC3 和 FSC4 三个试件的对比为例,其钢管直径均为 135 mm,高度均为

300 mm,而钢管壁厚分别为 2 mm、2.5 mm、3 mm,其荷载位移曲线如图 4.35 所示。随着钢管壁厚的增加,即钢管套箍系数越大,则试件的承载能力越高,且试件荷载位移曲线的弹性阶段越小,而且极限荷载时的竖向位移较大,反映出试件的延性更好。

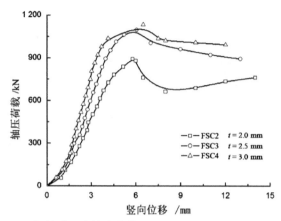

图 4.35　不同钢管壁厚试件的荷载位移曲线(D =135 mm, L =300 mm)

以 FSC5 和 FSC6 两个试件的对比为例,其钢管壁厚均为 2 mm,长径比均为 2.8,但试件高度和截面尺寸不同,其荷载位移曲线如图 4.36 所示。在弹性阶段,截面尺寸大的试件(如 FSC6),其含钢率越小,则钢管套箍系数越小,弹性阶段直线的斜率反而越大,反映了试件在弹性阶段的变形模量较小。

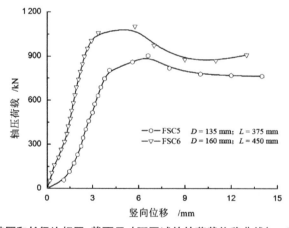

图 4.36　钢管壁厚和长径比相同、截面尺寸不同试件的荷载位移曲线(t =2 mm, L/D =2.8)

其次考虑 CFRP 布层数的影响。外包不同层数 CFRP 布的钢管珊瑚混凝土短柱试件在轴压试验过程中的荷载位移曲线有较大不同。图 4.37、图 4.38、图 4.39 描绘了 3 组试件关于荷载位移变化关系的比较情况,每组 3 个试件的截面尺寸、试件高度、钢管壁厚均相同,但外包 CFRP 布层数不同。

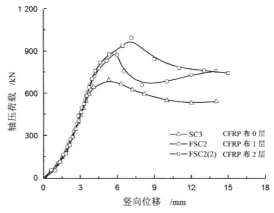

图 4.37　外包 CFRP 布层数不同试件的荷载位移曲线(D =135 mm, L =300 mm, t =2 mm)

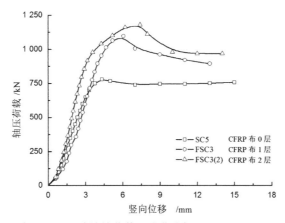

图 4.38　外包 CFRP 布层数不同试件的荷载位移曲线(D =135 mm, L =300 mm, t =2.5 mm)

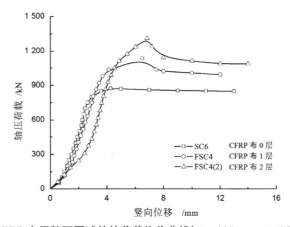

图 4.39　外包 CFRP 布层数不同试件的荷载位移曲线(D =135 mm, L =300 mm, t =3 mm)

图中曲线的比较,反映了 CFRP 布对试件的受力变形主要有以下影响:一是 CFRP 对于钢管珊瑚混凝土的承载能力有一定的提高,以 SC3、FSC2 和 FSC2(2)试件为例,3 个试件截面尺寸、高度和钢管厚度均相同,只是 SC3 试件为钢管珊瑚混凝土短柱、FSC2 试件外包 1

层 CFRP 布、FSC2(2)试件外包 2 层 CFRP 布,3 个试件的承载力分别为 700 kN、890 kN 和
1 000 kN;二是外包 CFRP 布层数越多,试件承受极限荷载时的竖向位移越大,同样以 SC3、
FSC2、和 FSC2(2)试件为例,3 个试件达到最大荷载时的竖向位移分别为 5.3 mm、5.79 mm
和 7.14 mm,说明外包 CFRP 布不仅可以提高短柱轴压的承载能力,而且还可以提高轴压构
件的延性性能。

2. 轴压荷载与环向应变关系

为了考查 CFRP 布对钢管的横向约束作用,分别取 3 组、每组 2 个试件作对比分析,用于
对比截面尺寸、柱高、钢管厚度相同的试件,在有无外包 CFRP 情况下同一钢管截面位置处的
环向应变随荷载的变化关系。如图 4.40、图 4.41 和图 4.42 所示,对 SC3 试件与 FSC2 试件、
SC5 试件和 FSC3 试件、SC6 试件和 FSC4 试件,分别取柱中截面的钢管环向应变作对比。

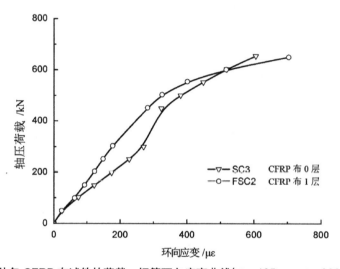

图 4.40　有无外包 CFRP 布试件的荷载－钢管环向应变曲线(D =135 mm, L =300 mm, t =2 mm)

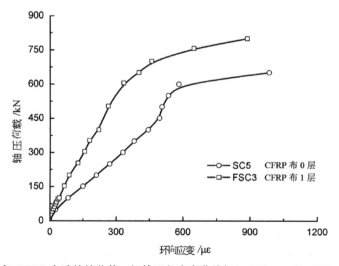

图 4.41　有无外包 CFRP 布试件的荷载－钢管环向应变曲线(D =135 mm, L =300 mm, t =2.5 mm)

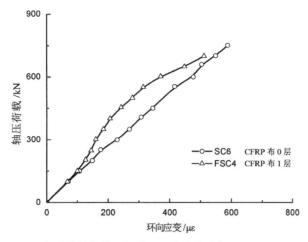

图 4.42　有无外包 CFRP 布试件的荷载－钢管环向应变曲线（D =135 mm，L =300 mm，t =3 mm）

　　图中关系曲线反映了在相同荷载条件下，在钢管珊瑚混凝土短柱试件的柱中截面处，无外包 CFRP 布试件的钢管环向应变数值要大于有外包 CFRP 布试件的钢管环向应变数值，体现了 CFRP 布对钢管环向应变变化的限制影响作用。

　　为了了解短柱试件关于钢管与外包 CFRP 布之间的变形协调情况，对同一试件的柱中截面位置，分别取钢管 3 个环向应变测点的平均值（若测点位于鼓曲面上，则剔除该点应变数据）和外包 CFRP 布上 2 个环向应变测点的平均值，进行变化关系的比较。

　　如图 4.43 和图 4.44 所示，分别对 FSC3、FSC4 试件的钢管与 CFRP 布的环向应变变化进行比较分析。图中钢管与 CFRP 布的环向应变变化比较情况反映出，随着试件轴压荷载的增加，钢管与 CFRP 布的环向应变均有所增加，在试件达到极限破坏前，两者应变数值相差不大，增长变化的路径基本一致。由此，可认为钢管和 CFRP 布在碳纤维浸渍胶的作用下能够协同工作，两者之间的黏结滑移较小，对试件的力学性能影响不大。该结论也为后续开展 CFRP 钢管珊瑚混凝土短柱的承载理论解析与有限元数值模拟提供了试验依据。

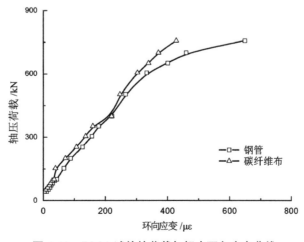

图 4.43　FSC3 试件的荷载与相应环向应变曲线

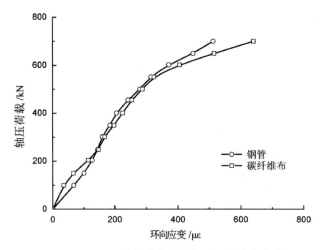

图 4.44 FSC4 试件的荷载与相应环向应变曲线

3. 轴压承载力提高效果的影响关系

对钢管珊瑚混凝土短柱,通过增加钢管壁厚和增加外包 CFRP 布层数,都可以有效提高钢管珊瑚混凝土短柱的轴压承载能力,为了比较衡量两种途径对短柱的轴压承载能力提高的效率,引入承载力提高系数,即

$$\beta_c = N_{u,c}^t / N_{u,c}^{名义} \tag{4.1}$$

式中: $N_{u,c}^t$ 为短柱试件实测的轴压极限荷载; $N_{u,c}^{名义}$ 为短柱试件名义上的轴压极限荷载,且有

$$N_{u,c}^{名义} = f_{c,c} A_c + f_a A_a \tag{4.2}$$

式中: $f_{c,c}$ 为核心珊瑚混凝土轴压强度; f_a 为钢管屈服强度; A_c 为核心珊瑚混凝土截面面积; A_a 为钢管横截面面积。

根据试件径厚比(D/t),取 4 组试验试件进行比较分析,每组 3 个试件的径厚比和截面尺寸相同,且分别为不外包 CFRP 布、外包 1 层 CFRP 布和外包 2 层 CFRP 布。根据式(4.1)计算得到各个试件的承载力提高系数 β_c (表 4.8),并绘制各个试件的承载力提高系数 β_c 分别与径厚比 D/t 和 CFRP 布套箍系数 ξ_{cf} 之间的曲线关系。

表 4.8 的数据反映出,无外包 CFRP 布的钢管珊瑚混凝土短柱试件与有外包 CFRP 布的试件相比,其承载力提高系数相对较小,增加壁厚对承载力提高系数的提升程度也相对较小。例如,对于无外包 CFRP 布的 SC2、SC3、SC5、SC6 试件,钢管壁厚每增加 0.5 mm,承载力提高系数约增加 0.05;而对于外包 1 层 CFRP 布的 FSC1、FSC2、FSC3、FSC4 试件,钢管壁厚每增加 0.5 mm,承载力提高系数增加值为 0.075;对于外包 2 层 CFRP 布的 FSC1(2)、FSC2(2)、FSC3(2)、FSC4(2)试件,钢管壁厚每增加 0.5 mm,承载力提高系数增加值为 0.11。其变化关系表明外包 CFRP 布能够进一步提高钢管对核心混凝土的套箍增强作用。

表 4.8　对比分析试件的承载力提高系数

对比分析组号	试件编号	径厚比 D/t	钢管套箍系数 ξ_a	CFRP 布套箍系数 ξ_{cf}	实际轴压承载力 $N_{u,c}^t$ /kN	名义轴压承载力 $N_{u,c}^{名义}$ /kN	承载力提高系数 β_c
1	SC2	55	0.54	0	519	473	1.09
	FSC1	55	0.54	0.38	648	473	1.36
	FSC1（2）	55	0.54	0.76	800	473	1.69
2	SC3	67.5	0.44	0	700	670	1.04
	FSC2	67.5	0.44	0.31	893	670	1.33
	FSC2（2）	67.5	0.44	0.76	1 001	670	1.49
3	SC5	54	0.55	0	780	718	1.08
	FSC3	54	0.55	0.31	1 097	718	1.42
	FSC3（2）	54	0.55	0.76	1 174	718	1.63
4	SC6	45	0.66	0	873	763	1.14
	FSC4	45	0.66	0.31	1 134	763	1.48
	FSC4（2）	45	0.66	0.76	1 310	763	1.71

如图 4.45 所示,试件的承载力提高系数与钢管径厚比的变化基本呈线性关系,且随着径厚比的增加,承载力提高系数的数值有所下降。此外,试件的承载力提高系数还与 CFRP 布外包约束的套箍系数呈线性关系,且随着 CFRP 套箍系数的增加,试件的极限承载力提高的幅值有较大的提升,如图 4.46 所示。由此说明,通过增加 CFRP 布外包,与增加钢管壁厚相比,更能提高试件的极限承载能力;并且外包 CFRP 布对于试件极限承载能力的提高效果,受试件截面尺寸变化的影响不大。

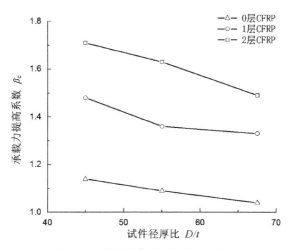

图 4.45　承载力提高系数与径厚比的关系

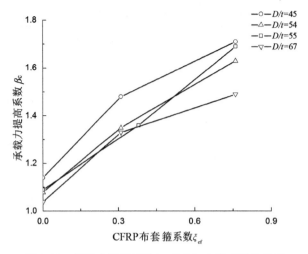

图 4.46　承载力提高系数与 CFRP 套箍系数的关系

4.5　本章小结

　　本章针对圆形截面 CFRP 外包钢管珊瑚混凝土短柱的轴压承载受力性能,完成了以下 3 个方面的试验研究:一是通过设计和开展短柱试件在轴压状态下的极限承载破坏试验,并对试验现象进行研究分析,掌握了圆形截面 CFRP 外包钢管珊瑚混凝土短柱轴压承载过程中的受力特点与破坏形态;二是通过对短柱轴压极限破坏试验的测试数据进行分析比较,得到了圆形截面 CFRP 外包钢管珊瑚混凝土轴压短柱的轴压荷载与竖向位移、轴压荷载与环向应变以及轴压承载能力增长的变化规律;三是通过极限破坏试验,得到了参数不同的各类短柱构件的轴压极限荷载值,可为短柱轴压极限承载强度的理论解析提供试验对照。

　　本章内容为全书研究的试验目标之一,以客观试验的现象和结果为依据,通过对测试数据进行科学比较分析,掌握了圆形截面 CFRP 外包钢管珊瑚混凝土短柱轴压承载受力性能,为进一步开展圆形截面 CFRP 外包钢管珊瑚混凝土短柱轴压极限承载力的理论解析奠定了必要的试验基础。

第5章 圆形截面 CFRP 外包钢管珊瑚混凝土中长柱轴压试验研究

5.1 引言

受压构件根据长细比 λ 的大小,分为短柱构件和中长柱构件,特别是长细比较大的细长柱,在受压时往往表现为失稳破坏。根据钢管混凝土长短柱的区分,可认为长细比 $\lambda = 4L/D > 16$ 的 CFRP 外包圆钢管珊瑚混凝土柱属于中长柱的范围(其中 L/D 为轴压柱的有效长径比)[110],而决定此类中长柱轴压极限承载力的因素,不仅与构件本身的材料强度有关,还与其受压稳定性有着密切的联系。因此,为开展圆形截面 CFRP 外包钢管珊瑚混凝土受压构件承载力研究,除了进行短柱轴压试验研究外,还需要针对中长柱进行轴压试验研究,以客观反映细长受压构件的承载性能,了解构件长细比与其极限承载能力的内在联系,为建立圆形截面 CFRP 外包钢管珊瑚混凝土柱轴心受压极限承载力计算理论提供试验数据条件。通过长柱轴压破坏试验,分别以有效长径比(L/D)的大小和 CFRP 布的外包情况为变化参数,考查其与轴压中长柱的承压稳定性能、极限破坏条件、破坏形态以及荷载挠度变形的相互关系,以便掌握其主要变化规律和影响因素。

5.2 试验材料及试件制作

5.2.1 试验材料

1. 珊瑚混凝土

CFRP 外包钢管珊瑚混凝土中长柱试件采用的混凝土,在骨料级配、人工海水、配合比以及养护方式上均与轴压短柱试件混凝土相同。养护后,测试其性能指标,与短柱试件略有差异,具体见表 5.1。

表 5.1 中长柱试件的珊瑚混凝土性能指标

混凝土类型	立方体抗压强度 f_{cu} /MPa	轴心抗压强度 f_c /MPa	弹性模量 E_c /($\times 10^4$ MPa)
珊瑚混凝土	35.4	33.01	3.081

2. 钢管、CFRP 布与黏结胶材料

CFRP 钢管珊瑚混凝土中长柱试件采用的钢管型号与短柱一致,为同一批钢材,在浇筑混凝土之前同样在钢管底部焊接上边长为 150 mm、厚度为 20 mm 的钢板,并在焊接处利用密封胶进行密封处理。钢材性能测试指标详见 3.3.1 小节的表 3.3。

中长柱外包的 CFRP 布和黏结胶与 4.3.1 小节短柱试件外包的 CFRP 布和黏结胶同为一批材料,其性能指标详见表 4.3 和表 4.4。按照相应的规范要求,CFRP 布的粘贴工艺与制作 CFRP 外包钢管珊瑚混凝土短柱试件基本一致,其基本流程同样如图 4.3 所示。需要注意的是,外包缠绕 CFRP 布的施工工艺对长柱试件的承载性能有较大的影响,在外包 CFRP 布施工时,需要 2~3 人配合完成。

5.2.2　试件制作

在浇筑钢管珊瑚混凝土中长柱的时候,对长径比小于 6 的试件,采用分层浇筑,利用振捣台进行振捣,即每次将珊瑚混凝土灌入钢管容量 1/3 后,放在振捣台上振捣 2 min,直至灌满;对于长径比大于 6 的试件,则借助直径为 50 mm 的振捣棒进行振捣,将振捣棒深入钢管底部然后缓慢上提,同时往钢管内部灌入混凝土,并且在所有试件的底部和顶部用振捣棒在钢管的外部进行侧振,以保证混凝土内部的密实度。浇筑完成后,将钢管上表面混凝土抹平,用塑料薄膜包裹钢管混凝土上表面,并按标准条件养护 28 d。养护完成后,部分试件底端不平,且由于混凝土的自收缩性能,试件上端混凝土下陷,需要对钢管珊瑚混凝土长柱试件两端利用切割机和角磨机进行切割打磨,并对钢管表面进行除锈,如图 5.1 所示。处理完毕后未粘贴 CFRP 布的中长柱试件如图 5.2 所示。

图 5.1　试件端部处理　　　　图 5.2　端部处理完后试件

5.3　试验设计

5.3.1　试件参数

为研究 CFRP 外包钢管珊瑚混凝土中长柱($L/D>4$)在轴压荷载条件下的承载能力,试

验以 CFRP 层数、试件长径比为变化参数,共设计 5 组 10 个试件。其中,以试件的高度变化来考查长径比不同的中长柱试件在轴压荷载下的承载性能,并以 $L/D = 4$ 的条件区分短柱与中长柱;且考虑 CFRP 布的外包,设计了 2 个短柱试件用作对比分析。试件编号及实际参数情况见表 5.2。浇筑成型的 CFRP/ 钢管－珊瑚混凝土中长柱试件如图 5.3 所示。

表 5.2　中长柱试件基本参数

试件编号	钢管外径 D /mm	钢管壁厚 t /mm	柱长 L /mm	CFRP 缠绕层数 n	长径比 L/D	含钢率 ρ
LS1	139.14	2.16	633	0	4.55	0.062
LS2	137.28	2.38	946	0	6.89	0.069
LS3	138.84	2.18	1 590	0	11.45	0.063
FLS1	137.66	2.08	510	1	3.70	0.060
FLS2	138.34	2.34	621	1	4.49	0.068
FLS3	138.88	2.26	943	1	6.79	0.065
FLS4	138.70	2.08	1 254	1	9.04	0.060
FLS5	138.90	2.16	1 575	1	11.34	0.062
FLS1（2）	138.78	2.06	506	2	3.65	0.059
FLS2（2）	139.38	2.00	1 257	2	9.02	0.057

注:含钢率 $\rho = A_a / A_c \approx 4t / D$,其中 A_a 为钢管截面面积,A_c 为核心珊瑚混凝土截面面积。

图 5.3　浇筑成型的中长柱试件

5.3.2　试验目标

　　圆形截面 CFRP 钢管珊瑚混凝土中长柱轴压试验的试验目标是通过对试件施加轴心荷载,一方面重点观察记录试件在加载各阶段力学行为的变化特点,从表观试验现象上分析 CFRP 外包钢管珊瑚混凝土中长柱轴压作用下的变形特点、承载能力以及破坏形态等;另一方面采用测量设备仪器保存记录试件上各个预置测点在整个受荷阶段随荷载变化的数据信号响应情况,从数据变化上掌握中长柱构件在轴压荷载变化下的构件位移变形、钢管和 CFRP 布各向应变的响应规律。通过构件加载后的现象观测并结合材料变形特征规律的分析总结,深入细致地分析 CFRP 钢管珊瑚混凝土中长柱构件在轴压作用下的受力性能与工作机理,得到试件长细比以及外包 CFRP 条件对试件受力性能影响的内在规律,切实能为下一步建立 CFRP 钢管珊瑚混凝土中长柱轴压承载力计算理论,奠定充分的试验研究基础。

5.3.3　测点布置

　　关于试件的材料应变测点布置方式,分为钢管珊瑚混凝土中长柱和 CFRP 外包钢管珊瑚混凝土中长柱两种情况。如图 5.4 所示,针对用作对比试验的钢管珊瑚混凝土按短柱构件的测点布置方式,分别在柱高 L 的 1/4、1/2、3/4 高度,在钢管外壁沿截面环向,各均匀布置 3 个测点,共 9 个测点,每个测点均粘贴横向和纵向应变计。

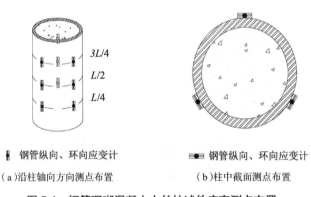

（a）沿柱轴向方向测点布置　　　　　（b）柱中截面测点布置

图 5.4　钢管珊瑚混凝土中长柱试件应变测点布置

　　如图 5.5 所示,针对 CFRP 钢管珊瑚混凝土中长柱,为避免测点过多带来的测点引线对 CFRP 布黏结效果的影响,仅在钢管的柱中截面处布置 3 个测点,分别粘贴纵向和横向应变计测试钢管的纵向和环向应变,对外包的 CFRP 布只在试件的柱中截面处布置 3 个测点,粘贴横向应变计测试 CFRP 布的环拉应变,且不与钢管的应变测点重合,以防止钢管应变计的布置对 CFRP 布环拉应变数值测试产生影响,因此 CFRP 钢管珊瑚混凝土中长柱有 6 个应变测点。

　　与短柱试件不同,CFRP 钢管珊瑚混凝土中长柱还须设置试件的侧向挠度测点,对于长径比 $L/D \leqslant 9$ 的试件,仅在试件的轴线长度中点处沿柱横截面方向设置柱中挠度变形测点;

对于长径比 $L/D>9$ 的试件,需要分别在试件高度的 $L/4$、$L/2$ 和 $3L/4$ 处分别设置挠度变形测点。由于中长柱试件在轴压荷载作用下,其横向变形方向难以确定,因此在同高度的柱截面位置,以 $90°$ 直角方向布置两个位移计共同测试试件的横向变形与挠度变化,同时在柱顶部沿柱轴线方向对称架设 2 个位移计以测试试件的竖向位移。试件横向位移计的布置如图5.6 所示。

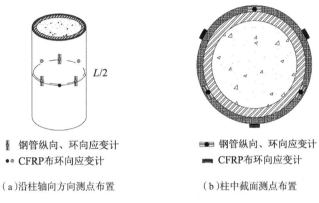

（a）沿柱轴向方向测点布置　　　　（b）柱中截面测点布置

图 5.5　CFRP 外包钢管珊瑚混凝土中长柱试件应变测点布置

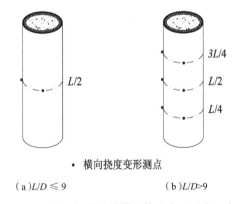

（a）$L/D \leqslant 9$　　　　（b）$L/D>9$

图 5.6　中长柱试件的横向挠度变形测点示意

在挠度测点安装顶杆式位移计测试柱横向挠度变形时,考虑到 CFRP 钢管珊瑚混凝土圆柱的外表曲面会对试验中测试柱横向变形位移产生不利影响,测试前需要在挠度测点处预先粘贴边长为 5 cm 的正方形的硬质玻璃钢薄板,且确保架设的位移计顶杆与薄板中心垂直接触。

5.3.4　加载与测量设备

1. 加载设备

CFRP 外包钢管珊瑚混凝土中长柱轴压试验采用量程 2 000 kN 的 QF200T-20 型液压压力机,在 500 t 反力架上施加轴向荷载。压力机上部承压板安装有 $360°$ 万向球铰,对长径

比 $L/D>4$ 的试件进行加载时,考虑对受压柱采用有效高度加载,在柱底部承压板与基座间加装 100 t 单向刀铰;为防止试件突然蹦倒,出于安全考虑,利用较粗的安全带栓绑在四周反力架上以作安全防护。中长柱加载装置与结构示意如图 5.7 所示。

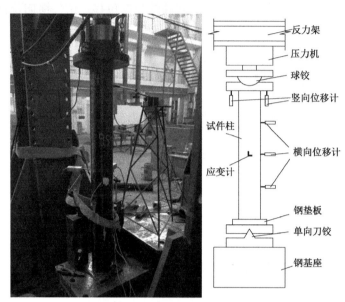

图 5.7   中长柱加载装置与结构示意

2)数据信号采集设备

CFRP 外包钢管珊瑚混凝土中长柱轴压试验采用的信号采集设备仪器与短柱试验相同,具体包括:DH3816 型静态应力应变测试分析系统、DH821-50/100 型顶杆式位移传感器;BE120-3BC(11)型、BE120-3AA(11)型和 BE120-3AA(2)型电阻应变计;YB15 型和YB25 型手持式应变仪。仪器设备的性能指标详见 3.3.1 和 4.3.4 小节所述。

5.4   试验过程与结果分析

5.4.1   试验过程及现象

CFRP 钢管珊瑚混凝土中长柱轴压试验研究共对 7 个 CFRP 外包圆钢管珊瑚混凝土中长柱试件进行轴压破坏试验,以长细比和外包碳纤维布层数作为变化参数,试件顺序编号为FLS1~FLS5、FLS1(2)和 FLS2(2);同时对 3 个无 CFRP 布外包钢管珊瑚混凝土中长柱试件按相同加载条件进行轴压破坏试验,与外包 CFRP 钢管珊瑚混凝土试件作对比,其试件按顺序编号为 LS1~LS3。本次试验全部试件破坏后形态如图 5.8 所示。

CFRP 钢管珊瑚混凝土中长柱在轴压破坏过程中,长径比不同的试件,破坏现象有较大差异。试件的破坏形态与长径比的大小有关,长径比为 3.7 左右的试件呈现出典型的短柱破坏形态,柱中出现腰鼓状或局部凸曲,基本属于强度破坏。长径比(L/D)在 4.78 和 6.79

附近的试件,破坏形态介于强度破坏与失稳破坏之间,试件在弯曲平面内具有弯曲现象,CFRP 布也有较明显的破坏。长径比为 9.04 和 11.34 的试件,其破坏时具有典型的失稳破坏现象,在弯曲平面内有较大的 "C" 形弯曲现象;且试件破坏时,除弯曲部位 CFRP 出现断裂外,试件其余部位的 CFRP 布没有明显的断裂和脱落。

图 5.8　中长柱极限承载破坏试验全部试件

1. 长径比较小的试件($L/D<4$)

当试件的长径比较小时($L/D<4$),如 FLS1 试件和 FLS1(2)试件,其破坏现象与短柱基本一致。在加载的初始阶段,CFRP 外包钢管珊瑚混凝土试件没有明显的变化;随着荷载的增加,碳纤维布浸渍胶由于受压发出声响;当荷载增加到极限荷载的 85% 左右时,可以听见钢管表面碳纤维布断裂的声音,钢管局部出现凸曲现象;当达到最大荷载时,可以发现外包 CFRP 布出现大范围的断裂或者剥离,试件呈现典型的腰鼓破坏现象,核心混凝土具有剪切破坏的形态。

以 FLS1(2)试件(L/D =3.6)为例,在加载的初期阶段,试件没有明显的变化,承载力随着位移的增加基本呈线性状态增长。当荷载达到 288 kN 时,出现浸渍胶受压发出 "噼啪" 的声响;当荷载达到 560 kN 时,钢管的上部出现明显的鼓曲现象;当荷载达到 633 kN 时,可以听见 CFRP 布清脆的断裂声音;随着荷载的增加,碳纤维布断裂越来越多;当达到极限荷载 900 kN 时,上部的外包 CFRP 布出现大范围的断裂。其加载过程与破坏现象如图 5.9 和图 5.10 所示。

2. 长径比较大的试件($L/D>9$)

当试件的长径比较大时($L/D>9$),如 FLS4 试件、FLS5 试件、FLS2(2)试件和 LS3 试件,试件破坏时的现象与短柱相比有明显的差异。破坏时,外包的 CFRP 布没有大面积的断裂或者剥离,只在试件的局部位置发现碳纤维布有断裂,且试件破坏形态具有明显的 "C" 形弯曲;当试件达到极限破坏时,只能听到轻微的 CFRP 断裂的声音,没有短柱加载现象中表现的清脆和密集,除了试件顶部和底部钢管稍微有变形外,试件整体没有出现明显的局部鼓曲现象,表现出典型的失稳破坏现象。

图 5.9　局部出现鼓曲　　　　　　　　图 5.10　CFRP 布断裂脱落

以 FLS5 试件(L/D =11.3)为例,在加载的初期阶段,试件没有明显的变化,承载力随着位移的增加呈线性状态增长。当荷载达到 200 kN 时,浸渍胶受压发出"噼啪"的声响;随着荷载的增加,试件顶端和底端由于端部效应出现了轻微的鼓曲现象。当加载接近极限荷载 600 kN 时,试件中部的侧向变形迅速发展,竖向位移迅速增加,随后试件承载力有所下降,试件破坏时整个试件的变形呈现"C"形弯曲。但是与 CFRP 钢管珊瑚混凝土短柱相比,钢管没有出现明显的鼓曲现象,且 CFRP 布也没有大范围的断裂剥离,整个破坏表现出较明显的受压失稳破坏。其加载过程与破坏现象如图 5.11 和图 5.12 所示。

图 5.11　顶部轻微鼓曲　　　　　　　　图 5.12　柱中弯曲变形

此外,对于钢管珊瑚混凝土长柱试件在有无外包 CFRP 布条件下的轴压试验过程进行对比观察发现,对比 FLS5 试件与 LS3 试件,外包 CFRP 布的钢管珊瑚混凝土长柱试件与无外包 CFRP 布的试件相比,其极限承载力明显较高,如 FLS5 试件的轴压峰值荷载为 620 kN,而 LS3 试件的轴压峰值荷载为 590 kN,表明 CFRP 布在长柱的轴心受压时,依然对受压构件的承载性能有着套箍增强效果。

　　另外,在试件接近破坏的时候,有外包 CFRP 布的钢管珊瑚混凝土长柱的侧向挠度变形速度要明显小于无外包 CFRP 布的长柱,且破坏时的挠度变形值也小于无外包 CFRP 布的长柱试件。如 FLS5 试件在轴压荷载为 620 kN 时出现明显的"C"形弯曲,但荷载值没有迅速下降,直至"C"形弯曲逐渐增大,荷载才有所下降,且轴压峰值荷载对应的横向挠度测量数值为 7.28 mm;LS3 试件在轴压荷载为 480 kN 时,接近柱中钢管外壁出现明显屈曲,随荷载增至 550 kN 左右,试件出现较大的"C"形弯曲,且变形迅速发展,随后荷载迅速下降直至失去承载能力,当轴压荷载达到峰值时,试件的横向挠度值为 23.56 mm。试验现象说明,通过外包 CFRP 布能有效抑制钢管珊瑚混凝土长柱轴压横向变形的发展,验证了 CFRP 布外包钢管珊瑚混凝土长柱具有较好的受压稳定性。有无 CFRP 外包的钢管珊瑚混凝土在极限破坏时的破坏形态如图 5.13 和图 5.14 所示。

图 5.13　外包 CFRP 布的长柱试件失稳破坏　　　图 5.14　无外包 CFRP 布的长柱试件失稳破坏

3. 长细比一般的试件($4<L/D<9$)

　　当试件的长细比处于 4~9 时,如 FLS2 试件、FLS3 试件、FLS1(2)试件、LS1 试件和 LS2 试件,试件在达到破坏时,不仅出现钢管外壁屈曲、竖向压缩位移增大的强度破坏现象;同时又有较大的横向变形与弯曲挠度,呈现出受压失稳的破坏现象。特别是在加载过程中,试件端部会出现局部屈曲与横向鼓突,在接近极限荷载时,试件局部(多为接近端部位置)产生弯曲变形,并且整体横向变形较大。以 FLS3 试件为例,当加载至 550 kN 时,外包的 CFRP 布出现局部断裂,试件靠近端部位置出现外凸和鼓曲;随荷载逐渐增大,在鼓曲位置出现较大的横向变形;当荷载达到极限 710 kN 时,试件在侧向变形面内有一定的弯曲现象,且钢管出现崩裂响声,试件端部的外突与鼓曲现象较为明显。试件的破坏情况如图 5.15 和图 5.16 所示。

图 5.15　试件底部出现鼓曲且 CFRP 断裂

图 5.16　试件局部弯曲且端部 CFRP 脱落破坏

5.4.2　试验结果分析

1. 轴压荷载与竖向位移关系

如图 5.17 和图 5.18 所示分别为无 CFRP 布和缠绕单层 CFRP 布的钢管珊瑚混凝土中长柱荷载位移曲线。从试件的全过程荷载位移曲线可以发现,相对于 CFRP 钢管珊瑚混凝土短柱轴压试件而言,CFRP 钢管珊瑚混凝土长柱在达到极限荷载之后,承载力会持续下降,短柱在轴压承载力下降之后的一定范围内承载力会有一定提升。CFRP 外包钢管珊瑚混凝土中长柱轴压受力的全过程可以分为 3 个阶段:在加载初期,荷载位移曲线基本呈线性关系,认为试件受力状态处于弹性阶段;当荷载达到极限荷载的 80% 左右时,曲线偏离直线发展,试件处于弹塑性阶段;在达到轴压极限荷载后,试件变形增大,试件的受力变形进入强化破坏阶段。

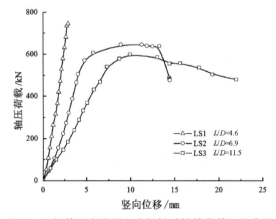

图 5.17　钢管珊瑚混凝土中长柱试件的荷载位移曲线

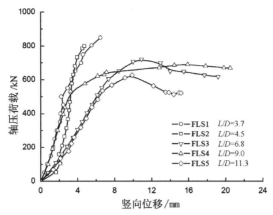

图 5.18　单层 CFRP 钢管珊瑚混凝土中长柱试件的荷载位移曲线

与 CFRP 钢管珊瑚混凝土轴压短柱的荷载位移曲线相比，CFRP 钢管珊瑚混凝土中长柱受力状态进入弹塑性阶段以后，试件的位移发展速度要快，表明中长柱的材料强度没有得到充分发挥。当达到极限荷载之后，试件开始进入强化破坏阶段，承载能力随之下降，且竖向位移急剧增大。

2. 轴压荷载与钢管应变关系

选取试件的钢管应变测点，对试件发生局部屈曲位置处的钢管应变进行分析。对于长细比不同的 CFRP 钢管珊瑚混凝土中长柱，其轴压荷载与钢管的应变曲线关系变化特点基本相似。

如图 5.19、图 5.20 和图 5.21 所示，以试件 FLS1、FLS4 和 FLS5 为例进行分析，其中 FLS4 试件（ L/D =9.0 ）和 FLS5 试件（ L/D =11.3 ）均取钢管鼓曲外侧的应变进行分析。

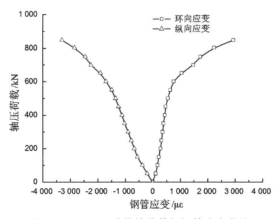

图 5.19　FLS1 试件的荷载与钢管应变曲线

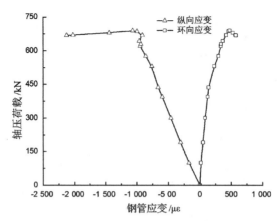

图 5.20　FLS4 试件的荷载与钢管应变曲线

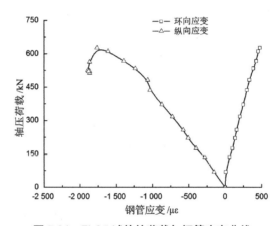

图 5.21　FLS5 试件的荷载与钢管应变曲线

3 个试件的轴压荷载与钢管应变关系曲线表明,在试验加载的初始阶段,钢管的环向应变和纵向应变大致呈线性变化。其中,环向为拉应变,纵向为压应变。在试件加载整个阶段中,钢管的应变数值基本保持线性关系,达到极限荷载时,钢管的纵向应变开始迅速增加。FLS4、FLS5 长柱试件与 FLS1 短柱试件(L/D =3.7)相比,在试件达到最大承载力时,长柱的钢管应变数值比短柱的数值小,表明尚未达到屈服,材料强度未得到充分发挥,试件的破坏属于失稳破坏。

3. 轴压荷载与柱中挠度变形关系

取缠绕 1 层 CFRP 布、没有缠绕 CFRP 布以及两种情况对比的钢管珊瑚混凝土中长柱试件,分别绘制其轴压荷载与柱中侧向挠度的关系曲线,如图 5.22、图 5.23 和图 5.24 所示。由图中曲线关系发现,从施加荷载开始,试件就有侧向挠度变形出现,而并非是在试件进入失稳破坏阶段时才突然发生;在加载初期,试件的挠度变形发展比较缓慢,轴压荷载与柱中挠度位移的关系曲线基本呈线性关系;当轴压荷载达到极限荷载 80% 左右时,荷载挠度位移曲线开始偏离直线,在接近极限荷载的时候,曲线变得比较平缓,即荷载变化不大,而柱中挠度变形较大。

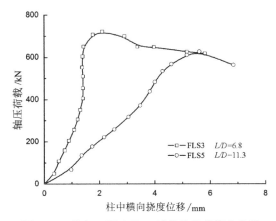

图 5.22　外包 1 层 CFRP 试件的荷载挠度曲线

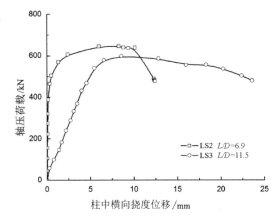

图 5.23　无外包 CFRP 试件的荷载挠度曲线

如图 5.22 和图 5.23 所示,相同 CFRP 外包条件的试件,随着长细比的增加(试件长径比 L/D 分别为 6.8 和 11.3),试件柱中处的侧向挠度位移逐渐增大。如图 5.24 所示,对于长细比相同的长柱试件,有无 CFRP 布外包对试件柱中挠度变形有较大影响,图中 FLS5 试件和 LS3 试件(试件长径比 L/D =11.3),在加载初期,外包 CFRP 布对于试件柱中挠度发展的约束效果并不明显,但随着荷载的增加, LS3 试件(无外包 CFRP 布)的挠度变形明显大于 FLS5(外包 1 层 CFRP 布)试件的挠度变形,在试件达到破坏时, LS3 试件的柱中横向挠度变形值是 FLS5 试件值的 4 倍左右。

同样,以图 5.22 中的 FLS3 试件和图 5.23 中的 LS2 试件作对比,两者均为长径比 L/D = 6.8 的中柱,在荷载与横向挠度变形的变化关系上,对于 CFRP 布的外包条件的影响情况,其与图 5.24 有类似的效果。以上试验现象说明了 CFRP 钢管珊瑚混凝土中长柱在轴心受压过程中,当挠度或横向位移增加到一定程度时,外包 CFRP 布对于试件的横向挠度位移具有一定的抑制作用。

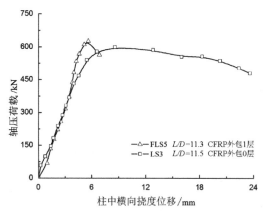

图 5.24　CFRP 外包对比试件的荷载挠度曲线

4. 轴压极限承载力与试件长细比的关系

　　CFRP 外包钢管珊瑚混凝土长柱的承载能力与试件的长细比密切相关,试验按试件高度的不同设计不同长细比的对比试件。图 5.25 反映了试验中 10 个中长柱试件的轴压极限荷载值与试件高度的变化关系。

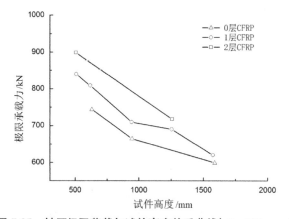

图 5.25　轴压极限荷载与试件高度关系曲线(D =139 mm)

　　由图 5.25 中关于试件极限承载力随试件高度变化的关系可以看出,中长柱试件的极限承载力随着试件高度的增加,也即随着试件长细比的增大,其极限承载力逐渐递减;在高度相同的情况下,外包 CFRP 布对中长柱试件的承载能力有明显的增强作用,外包 2 层 CFRP 布的试件的承载力高于外包 1 层 CFRP 布的试件,外包 1 层 CFRP 布的试件高于无外包 CFRP 布的钢管珊瑚混凝土中长柱试件;但是从图中曲线关系也可看出,随着试件高度的增加,也即随着试件长细比的增大,CFRP 布外包情况对试件极限承载力的提高增强效果会有所降低。

5.5　本章小结

本章针对圆形截面 CFRP 外包钢管珊瑚混凝土中长柱的轴压承载受力性能,以中长柱试件为对象进行了全过程的轴压破坏试验研究,主要完成了以下 3 个方面的试验研究内容。一是与短柱轴压试验研究类似,通过设计和开展中长柱试件在轴压状态下的极限承载全过程破坏试验,并对试验现象进行研究分析,从而掌握了 CFRP 外包钢管珊瑚混凝土中长柱轴压承载过程中的受力特点与破坏形态;二是通过分析和比较中长柱轴压受力过程中构件材料的效应变化关系,得到了 CFRP 外包钢管珊瑚混凝土中长柱在轴压荷载作用下,构件的竖向位移、材料应变以及挠度变形的变化规律,进一步揭示了此类中长柱在轴压条件下的力学行为特征;三是通过设计不同长径比的试验构件以及极限破坏试验,得到了不同长径比构件的轴压极限荷载值,掌握了构件长细比对 CFRP 外包钢管珊瑚混凝土中长柱极限承载力的影响关系,为进一步的极限承载力理论解析提供了重要的试验数据。

本章研究内容为全书试验研究的另一重要目标,在短柱轴压试验的基础上,通过中长柱轴压全过程试验研究,不仅较全面地掌握了圆形截面 CFRP 外包钢管珊瑚混凝土柱的轴压受力性能,同时也为进一步的理论解析研究与数值模拟分析奠定了基础。

第 6 章　方形截面 CFRP 外包钢管珊瑚混凝土短柱轴压试验设计

6.1　引言

　　轴压力学性能是混凝土结构最基本的性能指标,对 CFRP 方钢管珊瑚混凝土轴压力学性能的研究应以短柱轴压试验为基础。虽然利用碳纤维布外包加固方形截面钢管混凝土柱的受压力学性能提升不如加固圆形截面钢管混凝土柱,但是总体上方形截面 CFRP 外包钢管混凝土仍具有圆形截面 CFRP 钢管混凝土的所有优点。此外,方钢管梁柱节点的处理相对于圆钢管而言比较容易,建筑物采用方形截面柱,室内布置更方便,而且方钢管的制作难度较小,在运输条件苛刻、运输成本较高的工程中经济性更强,所以对 CFRP 方钢管珊瑚混凝土的轴压力学性能的研究意义深远。为研究碳纤维布对方形截面钢管珊瑚混凝土轴压性能的影响,以外包 CFRP 层数、钢管套箍系数为控制变量,设计方形截面 CFRP 钢管珊瑚混凝土短柱轴压试验。试验共设计 17 组短柱试件,其中方形截面 CFRP 钢管珊瑚混凝土短柱试件 13 组,方形截面钢管珊瑚混凝土短柱试件 4 组。

6.2　试验目的

　　通过方形截面 CFRP 外包钢管珊瑚混凝土短柱轴压试验,观察分析 CFRP 方钢管珊瑚混凝土短柱试件在轴压荷载下的变形过程和破坏形态,并通过试验获得 CFRP 方钢管珊瑚混凝土短柱试件的极限承载力和竖向位移、钢管的纵向应变和环向应变以及碳纤维布的环向应变。为掌握 CFRP 方钢管珊瑚混凝土短柱的轴压承载性能和工作特点,将记录的试验数据分析整理后,绘制 CFRP 方钢管珊瑚混凝土短柱试件的荷载－位移曲线、钢管的荷载－竖向应变曲线、钢管的荷载－环向应变曲线、碳纤维布的荷载－环向应变曲线。为建立 CFRP 方钢管珊瑚混凝土短柱轴压承载力计算理论和推导 CFRP 方钢管珊瑚混凝土短柱轴压承载力简化计算公式奠定基础。

6.3　试验材料

6.3.1　珊瑚混凝土

　　试验中的珊瑚混凝土是以天然珊瑚砂为细骨料,珊瑚礁经人工破碎得到的珊瑚碎石为粗骨料,使用人工配置的海水进行拌养。使用小型锤式破碎机将南海某岛礁开挖取得的珊瑚礁石破碎后,筛选得到各种粒径的珊瑚碎石,按颗粒级配混合后作为粗骨料使用。筛分后用于拌和珊瑚混凝土的各粒径珊瑚粗骨料如图 6.1 所示。

（a）5~10 mm　　　　　　（b）10~15 mm　　　　　　（c）15~20 mm

图 6.1　珊瑚混凝土粗骨料

粒径为 5~10 mm、10~15 mm、15~20 mm 的珊瑚碎石,按颗粒级配 1 : 1.05 : 0.93 混合均匀后作为粗骨料使用。拌和珊瑚混凝土的细骨料为南海某岛礁开挖得到的天然珊瑚砂。粗骨料颗粒级配见表 6.1。

表 6.1　粗骨料颗粒级配

粗骨料粒径 /mm	5~10	10~15	15~20
级配	1	1.05	0.93

在实际工程建设中,混凝土强度等级通常为 C30,试验为了更贴近实际,试件混凝土强度等级选择为 C30,根据已有的珊瑚混凝土配合比研究[126],试验拌养的珊瑚混凝土配合比水 : 水泥 : 珊瑚石 : 珊瑚砂为 1 : 2 : 3.36 : 3.26,根据实际情况,试验中采用盾石牌 42.5# 级普通硅酸盐水泥。每立方米珊瑚混凝土配合比见表 6.2。

表 6.2　试验配合比

水泥 /(kg/m³)	粗骨料 /(kg/m³)	细骨料 /(kg/m³)	净用水量 /(kg/m³)
450	756	733.5	225

拌养珊瑚混凝土的水灰比(净用水量和水泥质量的比值)为 0.5,根据已有研究,珊瑚砂和珊瑚碎石的堆积密度皆大于 1 200 kg/m³,均属于轻集料[127],根据轻集料相关规范,拌和珊瑚混凝土时还需计算附加水,并按计算所得的附加用水量额外加水,附加用水量由珊瑚石和珊瑚砂的质量分别乘以各自的一小时吸水率,如果骨料含水,在附加水量中必须扣除自然含水量,考虑到天气变化可能对骨料含水量造成影响,骨料的含水率应在拌和混凝土的当天测得[113,114]。附加水量按下式计算:

$$m_{wa} = m_a \times (\omega_a - \omega_{ac}) + m_s \times (\omega_s - \omega_{sc}) \tag{6.1}$$

式中：m_{wa} 为附加水量，m_a 为粗骨料质量，ω_a 为粗骨料一小时吸水率，ω_{ac} 为粗骨料含水率，m_s 为珊瑚砂质量，ω_s 为珊瑚砂一小时吸水率，ω_{sc} 为珊瑚砂含水率。

　　立方体抗压强度和轴心抗压强度是混凝土的重要性能指标，为了得到试验中珊瑚混凝土的立方体抗压强度和轴心抗压强度，试验按上述配合比拌和珊瑚混凝土，应预留部分珊瑚混凝土在浇筑钢管后浇筑标准立方体试件和标准棱柱体试件，在标准养护条件下养护 28 d，再进行珊瑚混凝土立方体抗压强度和棱柱体抗压强度试验。测得珊瑚混凝土的立方体抗压强度 f_c 为 39.2 MPa，轴心抗压强度 f_{ck} 为 36.6 MPa，弹性模量为 3.098×10^4 MPa。

6.3.2　钢材

　　试验设计使用的钢材型号为 Q235，通过钢材拉伸试验得到试验中所用 Q235 钢材的屈服强度 f_y 为 248.35 MPa，弹性模量为 2.08×10^5 MPa，泊松比为 0.27。钢材拉伸试验是将采购的钢材，按照《金属材料拉伸试验》（GB/T 228.1—2010）[115] 制成标准拉拔试件后再按照标准进行。

6.3.3　碳纤维布和黏结胶

　　试验中制作 CFRP 钢管珊瑚混凝土的外包 CFRP 型号为赛克（SKO）Ⅱ级碳纤维布。碳纤维布的相关性能参照《碳纤维布片材加固混凝土结构技术规程》（CECS146：2003）进行 CFRP 拉伸试验。试验测得碳纤维布的抗拉强度 f_{cf} 为 3 255 MPa，弹性模量为 2.28×10^5 MPa，厚度为 0.113 mm。试验使用的碳纤维布黏结胶为与碳纤维布配套使用的 SKO 浸渍胶。SKO 浸渍胶分为 A 胶和 B 胶，使用时需要将 A 胶和 B 胶按 2：1 的比例混合并搅拌均匀。试验用碳纤维布及 SKO 浸渍胶如图 6.2 所示。

图 6.2　CFRP 和 SKO 浸渍胶

6.4 试件设计与制作

6.4.1 试件尺寸设计

以 CFRP 方钢管珊瑚混凝土轴压短柱为研究对象,根据研究目的和试验的主要内容,试验中珊瑚混凝土强度选用 C30,钢管强度等级选用 Q235,并参考相关文献设计试件的尺寸和物理参数,试件尺寸具体见表 6.3。

表 6.3 试件尺寸设计

试件编号	柱高 L/mm	截面边长 B/mm	钢管壁厚 t_1/mm	含钢率 α	碳纤维布层数
SQ1	300	100	2.5	0.108	0
SQ2	300	120	2	0.070	0
SQ3	300	120	2.5	0.089	0
SQ4	300	120	3	0.108	0
FSQ1	300	100	2	0.085	1
FSQ2	300	100	2.5	0.108	1
FSQ3	300	120	2	0.070	1
FSQ4	300	120	2.5	0.089	1
FSQ5	300	120	3	0.108	1
FSQ6	450	140	2	0.060	1
FSQ7	450	140	2.5	0.075	1
FSQ8	450	160	2	0.052	1
FSQ9	450	160	2.5	0.066	1
FSQ1(2)	300	100	2.5	0.108	2
FSQ2(2)	300	120	2	0.070	2
FSQ3(2)	300	120	2.5	0.089	2
FSQ4(2)	300	120	3	0.108	2

表 6.3 中对试件的命名,SQ 表示方钢管珊瑚混凝土短柱试件,FSQ 表示 CFRP 方钢管珊瑚混凝土短柱试件,FSQ(2)表示包裹 2 层 CFRP 方钢管珊瑚混凝土短柱试件,在设计试件的尺寸时主要参考了如下因素。

(1)参考《钢管混凝土结构技术规范》第 4.1.6 条,受压构件矩形截面边长和壁厚之比 B/t_1 不应大于 $60\sqrt{235/f_y}$,本试验中试件的方截面边长选择 100 mm、120 mm、140 mm、160 mm 4 种规格,壁厚选择 2 mm、2.5 mm、3 mm 3 种规格,除个别试件的边长壁厚之比 B/t_1 略大于 $60\sqrt{235/f_y}$ 外,其余试件均满足要求 [116]。

（2）参考钢管混凝土结构对短柱的定义，当方钢管混凝土柱的高度和截面边长之比 $L/B \leqslant 4$ 视为短柱，在考虑长细比过大可能导致柱试件失稳的同时，还应考虑长细比过小引起端部效应而影响试验效果，故取试件长径比在 2~3[116]。

根据实际情况，试验中的方钢管均采用一块完整的钢板机加工成方形后，在方形的角部焊接钢管，因此制作后试件的实际尺寸与设计尺寸存在差异，经测量试件实际尺寸见表 6.4。

表 6.4   试件实际尺寸

试件 编号	柱高 L/mm	截面边长 B/mm	钢管壁厚 t_1/mm	含钢率 α	碳纤维布层数
SQ1	293	100.6	2.52	0.108	0
SQ2	291	121.2	2.02	0.070	0
SQ3	284	120.5	2.54	0.090	0
SQ4	283	118.4	3.01	0.110	0
FSQ1	287	100.6	2.06	0.087	1
FSQ2	293	100.6	2.52	0.108	1
FSQ3	291	121.2	2.02	0.070	1
FSQ4	284	120.5	2.54	0.090	1
FSQ5	283	118.4	3.01	0.110	1
FSQ6	442	140.2	1.96	0.058	1
FSQ7	437	140.8	2.56	0.077	1
FSQ8	440	160.2	2	0.052	1
FSQ9	438	161.2	2.52	0.066	1
FSQ1（2）	293	100.6	2.52	0.108	2
FSQ2（2）	291	121.2	2.02	0.070	2
FSQ3（2）	284	120.5	2.54	0.090	2
FSQ4（2）	283	118.4	3.01	0.110	2

6.4.2   短柱试件的制作

试验中的方钢管，采用一块钢板经机加工弯成正方形后，在方形的角部焊接而成。方钢管按照设计尺寸制作完成后，在钢管的一端焊接一块边长比钢管设计尺寸大 20 mm、厚 3 mm 的正方形钢垫板，以模拟在实际工程中钢管混凝土柱的施工工况。由于本次试验设计的方钢管尺寸高度较小，浇筑珊瑚混凝土后可使用振捣台自动振捣。方钢管珊瑚混凝土养护 28 d 后，使用角磨机对所有的方钢管混凝土短柱试件上表面进行打磨，打磨后的方钢管珊瑚混凝土短柱试件上表面应十分平整，以减小短柱试件制作过程中产生的误差对试验结果的影响。

6.4.3　CFRP 的包裹黏结

在实际工程中采用 CFRP 钢管珊瑚混凝土结构时,应该在往钢管内浇筑珊瑚混凝土之前,在钢管外部包裹碳纤维布。试验中为了方便 CFRP 方钢管珊瑚混凝土短柱试件的制作,选择在试件养护完成并打磨平整后包裹 CFRP。整个方钢管外包 CFRP 的过程按照《碳纤维片材加固混凝土结构技术规程》实施,以减小方钢管外包 CFRP 时人工操作等偶然因素产生的误差对 CFRP 方钢管珊瑚混凝土短柱试件试验结果的影响。

方钢管珊瑚混凝土试件外包 CFRP 时,首先将试件表面打磨光滑、无锈渍;然后将 SKO 浸渍胶 A 胶:B 胶按质量比为 2:1 的比例混合配置并搅拌均匀(混合后的 A 胶和 B 胶并不处于稳定状态,故在使用过程中应保持搅动直至浸渍胶全部用完或试件全部包裹完成);将搅拌均匀的浸渍胶均匀涂抹在方钢管表面,随后将裁剪好的碳纤维布粘贴到钢管表面,碳纤维布裁剪时应保证粘贴到钢管表面后的搭接长度大于 200 mm,粘贴碳纤维布时应逐面粘贴;为了确保 CFRP 与方钢管贴合紧密,方钢管表面粘贴 CFRP 后,应顺纤维方向将 CFRP 拉平、拉展并压实;粘贴第二层碳纤维布时重复上述操作,并应在第一层碳纤维布表面的胶水快干时进行作业,第二层碳纤维布可在包裹第一层碳纤维布时预留第二层的长度,避免反复裁剪;最后在第二层碳纤维布粘贴完毕后,在试件表面再刷一层碳纤维黏结胶水。制作好的 CFRP 方钢管珊瑚混凝土短柱如图 6.3 所示。

图 6.3　CFRP 方钢管珊瑚混凝土短柱

6.4.4　试验仪器设备

根据试验设计,进行 CFRP 方钢管珊瑚混凝土短柱轴压试验时,选择使用济南东测试验机技术有限公司生产的 YAW-3000 型微机电液伺服压力机,该型压力机的量程为 120~3 000 kN,如图 6.4 所示;选择使用扬州晶明科技有限公司生产的 JM3811 教学型多功能静态应变测试系统,该型采集仪的采集通道数为 10,如图 6.5 所示。

图 6.4　YAW-3000 型压力机

图 6.5　JM3811 型采集仪

6.5　试验内容

根据研究目的和试验设计情况,要通过试验取得 CFRP 方钢管珊瑚混凝土轴压短柱的荷载-位移曲线、钢管的荷载-竖向应变曲线、钢管的荷载-环向应变曲线、碳纤维布的荷载-环向应变曲线。因此,试验过程中主要测量的物理量有试件承载力和竖向变形、钢管竖向应变和环向应变、碳纤维布环向应变。

YAW-3000 型微机电液伺服压力机的软件系统可以测量试验全过程油缸的竖向位移,但测量精度不足。因此,CFRP 方钢管珊瑚混凝土短柱轴压试验全过程的竖向位移通过在压力机上下顶板间对角布置两个量程为 40 mm 的位移计测得。试验模拟加载图如图 6.6 所示,试验加载图如图 6.7 所示。

钢管的竖向应变和横向应变通过在钢管表面布置电阻应变片测得。在方钢管相邻两个面的中截面中心处各布置一个双向直角电阻应变片,双向电阻应变片为中航电测生产的型号为 BE120-3BC-P400 双向电阻应变片,可测量方钢管的竖向应变和环向应变,方钢管外包碳纤维布的环向应变通过在碳纤维布表面布置应变片测得。应变片布置位置和方钢管上的应变片位置相同,各布置一个中航电测生产的型号为 BE120-3AA-Q200 单向电阻应变片。测点布置如图 6.8 所示。

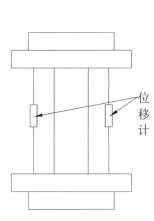

图 6.6　试验模拟加载图

图 6.7　试验加载图

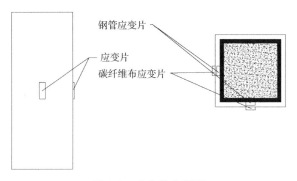

图 6.8　应变片布置图

6.6　试验加载

试验时,为确保试件上下端面平整及试件对中,在加载过程中不会产生偏心压力,试件在正式加载前需进行预加载试验,取试件预估极限轴压承载力的 5% 为预加载试验加载值。正式加载采用位移控制慢速连续加载,直至试件破坏。正式加载时,加载程序分为两个阶段:第一阶段,电脑控制压力机以 1 kN/s 的加载速度持续加载 20 s,荷载达到 20 kN 时,持荷 2 min,确保试件与压力机接触良好;第二阶段,电脑控制压力机以 2 mm/min 的加载速度持续加载,直至试件破坏或达到压力机油缸量程。

6.7　本章小结

在查阅了大量关于钢管混凝土短柱试验和 CFRP 钢管混凝土短柱试验的相关文献基础

上,根据研究目的,以4种截面尺寸、3种碳纤维布层数、3种钢管壁厚为变量进行正交试验,试验设计17组CFRP方钢管珊瑚混凝土短柱试件,进行CFRP方钢管珊瑚混凝土短柱轴压性能试验研究。根据研究需要,分别选择短柱试件的极限承载力、试件竖向位移、钢管环向应变和竖向应变、碳纤维布环向荷载为试验目标获取数据。根据试验目的,在本章中详细介绍短柱试件组成材料的相关物理性能、短柱试件的制作过程及在制作时应当注意的相关事项;并对如何获得短柱轴压极限承载力和竖向位移、钢管环向应变和竖向应变、碳纤维布环向应变进行了详尽说明。

第7章 方形截面 CFRP 外包钢管珊瑚混凝土短柱轴压试验分析

7.1 引言

本章以 4 组方形截面钢管珊瑚混凝土短柱和 13 组方形截面 CFRP 钢管珊瑚混凝土短柱轴压试验的实测数据为基础,对在轴压荷载作用下,短柱试件的荷载位移和材料应变进行研究分析,对影响其响应变化的因素进行对比分析。试验以含钢率和碳纤维布包裹层数为影响因素,设计以钢管壁厚、钢管截面尺寸和碳纤维布层数为主要控制参数,考察其对试件轴压力学性能的影响,继而研究套箍系数对方形截面 CFRP 钢管珊瑚混凝土短柱轴压性能的影响。

7.2 试验现象

7.2.1 总体试验情况

方形截面 CFRP 钢管珊瑚混凝土短柱轴压试验的现象和试件达到极限荷载后的破坏现象总体一致。在试验初始阶段,当轴压荷载较小时,所有试件的外观均无明显变化且无明显声响,随着试验进行,轴压荷载逐渐增大,当荷载值达到极限承载力的 50% 后,可清晰地听到碳纤维布浸渍胶的"噼啪"声,此时试件外观仍无明显变化,随着荷载加大,"噼啪"声越来越密集;当轴压荷载达到短柱试件极限荷载后,在试件侧面出现明显的局部微凸,并随着试验进行缓慢发展;随着试验进行,当凸起发展到一定程度时,将导致凸起处局部方钢管外包 CFRP 断裂,发出明显的声响,同时伴随着 CFRP 的断裂,试件承载力呈现阶梯式迅速下降;局部 CFRP 断裂后,随着试验进行,断裂处的钢管变形将会迅速发展,导致 CFRP 的断裂部位向上下发展,并且每一次外包 CFRP 的断裂,都伴随着一次试件承载力的阶梯式迅速下降;试验结束时,试件四个面的凸起明显,在角部连接后,变形近似呈圆形。各试件的变形特点有相同之处的同时也具有明显的差别,而且外包一层 CFRP 和外包两层 CFRP 的方钢管珊瑚混凝土的现象不尽相同,选取典型试件试验现象进行破坏过程描述。

通过对 CFRP 方钢管珊瑚混凝土短柱轴压试验现象的分析,发现外包 CFRP 断裂后,短柱试件的承载力呈阶梯式迅速下降,随后断裂处钢管变形迅速发展,说明外包 CFRP 对试件承载力有明显的提高作用以及对钢管横向变形有明显的约束作用;试件凸起最终将在角部连接,近似呈圆形,说明 CFRP 方钢管珊瑚混凝土短柱在轴压荷载条件下为腰鼓形破坏;在试验结束时,试件角部无明显的横向变形,说明方钢管角部对核心珊瑚混凝土的约束作用明显,而方钢管管壁位置变形明显,对核心珊瑚混凝土的约束作用较弱。

7.2.2　典型试件试验现象

1. 试件 FSQ4

图 7.1 为试件 FSQ4 在试验过程中各典型阶段破坏图。在试验初始阶段,当轴压荷载较小时,试件的外观无明显变化且无明显声响(图 7.1(a));随着试验进行,当轴压荷载达到 580 kN 时,可清晰地听到碳纤维布浸渍胶的"噼啪"声,此时试件外观仍无明显变化;此后随着荷载加大,"噼啪"声越来越密集,当轴压荷载达到极限荷载 885.87 kN 后,试件距顶部 70 mm 处出现局部微凸,并随试验进行凸起缓慢发展,局部凸起出现后承载力迅速下降至 691.77 kN,距顶部 70 mm 处少量碳纤维布断裂,发出明显的 CFRP 断裂声,承载力阶梯式下降至 681.21 kN,随后距顶部 70 mm 处钢管局部屈曲明显快速发展,并在距顶部 70 mm 处上下两向碳纤维布逐渐断裂(图 7.1(b)),每一次碳纤维布的断裂,试件承载力都会呈阶梯式下降,最终在试件距顶部 30~180 mm 处,碳纤维布全部断裂,荷载值缓慢下降至 587.58 kN;试验结束时,试件四个面的凸起连接近似呈圆形(图 7.1(c))。

(a)试验初期试件未破坏　　　(b)试验结束 CFRP 断裂　　　(c)试验结束破坏试件横截面

图 7.1　试件 FSQ4 破坏现象

2. 试件 FSQ1(2)

图 7.2 为试件 FSQ1(2)在试验过程中各典型阶段破坏图。在试验初始阶段,当轴压荷载较小时,试件的外观无明显变化且无明显声响(图 7.2(a));随着试验进行,当轴压荷载达到 550 kN 时,可听到碳纤维布浸渍胶零星的"噼啪"声,此时试件外观仍无明显变化;当轴压荷载达到极限荷载 565.74 kN 后,试件持续发出密集的"噼啪"声,随后试件距顶部 100 mm 处出现局部微凸,并随试验进行凸起缓慢向下发展,局部凸起出现后承载力迅速下降至 514.19 kN,后下降趋势放缓,至 510.82 kN,在距顶部 100 mm 处凸起部碳纤维布在角部出现断裂并向上发展,荷载下降速度加快,至 434.23 kN,在顶部向下 30~50 mm 范围内碳纤维布突然整体断裂,承载力突然下跌至 427.67 kN,随后试件承载力短暂上升后再次随着碳纤维布的断裂而突然下降,循环多次后,最终试件在顶部向下 150 mm 范围内碳纤维布全部断裂(图 7.2(b)),并在距试件顶部 20 mm 和 100 mm 处钢管形成圆形鼓曲(图 7.2(c))。

（a）试验初期试件未破坏　　　　（b）试验结束 CFRP 断裂　　　　（c）试验结束破坏试件横截面

图 7.2　试件 FSQ1（2）破坏现象

7.3　试验结果分析

试验考虑了含钢率和碳纤维布包裹层数对短柱轴压极限承载力的影响,其中含钢率为 $\alpha=A_s / A_c$,CFRP 方钢管珊瑚混凝土短柱轴压试验极限承载力见表 7.1。

表 7.1　试件承载力

试件 编号	柱高 L/mm	截面边长 B/mm	钢管壁厚 t_1/mm	含钢率 α	碳纤维布层数	试验承载力 N_{us}/kN
SQ1	293	100.6	2.52	0.742	0	584.76
SQ2	291	121.2	2.02	0.481	0	675.03
SQ3	284	120.5	2.54	0.617	0	823.41
SQ4	283	118.4	3.01	0.754	0	875.41
FSQ1	287	100.6	2.06	0.598	1	578.6
FSQ2	293	100.6	2.52	0.742	1	613.12
FSQ3	291	121.2	2.02	0.481	1	695.21
FSQ4	284	120.5	2.54	0.617	1	885.87
FSQ5	283	118.4	3.01	0.754	1	936.93
FSQ6	442	140.2	1.96	0.400	1	1 017.25
FSQ7	437	140.8	2.56	0.527	1	1 122.8
FSQ8	440	160.2	2	0.356	1	1 251.64
FSQ9	438	161.2	2.52	0.450	1	1 272.64
FSQ1（2）	293	100.6	2.52	0.742	2	605.74
FSQ2（2）	291	121.2	2.02	0.481	2	729.75
FSQ3（2）	284	120.5	2.54	0.617	2	939.81
FSQ4（2）	283	118.4	3.01	0.754	2	889.69

注:α 为含钢率,N_{us} 为 CFRP 方钢管珊瑚混凝土短柱轴压试验的极限承载力。

7.3.1　荷载‐位移曲线

　　核心混凝土在外部钢管的包裹约束下,抗压强度显著提升;同时,钢管在内部核心混凝土的支撑下可减小局部屈曲失稳,从而提高其承载力。这是钢管混凝土组合结构的承载力提高的核心原理,同时也是与混凝土结构和钢结构相比的显著优点。试验中在方钢管珊瑚混凝土外部包裹 CFRP,可以从钢管外部限制钢管的局部屈曲,同时也可以进一步加强方钢管对核心珊瑚混凝土的径向约束。碳纤维布对方钢管局部屈曲的限制体现在碳纤维布断裂后,断裂处钢管迅速变形,试件承载力呈阶梯式迅速下降,此后试件荷载变化将会出现两种情况,一种是部分试件的荷载会出现缓慢的二次上升,表明 CFRP 方钢管珊瑚混凝土结构具有破坏后的强化阶段,但是在强化阶段,荷载上升伴随着碳纤维布断裂而引起的阶段性阶梯式迅速下降;另一种则是在碳纤维布破坏后,荷载值就一直呈缓慢下降状态,同时也伴随着碳纤维布断裂的短暂阶梯式荷载下跌。在部分试件的荷载位移曲线可明显观察到外包碳纤维布断裂后荷载的阶梯式迅速下降,典型试件荷载‐位移曲线如图 7.3 至图 7.10 所示。

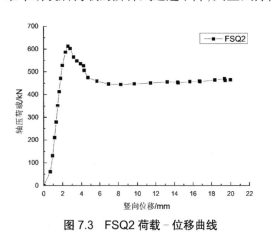

图 7.3　FSQ2 荷载‐位移曲线

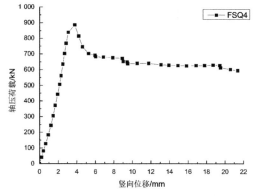

图 7.4　FSQ4 荷载‐位移曲线

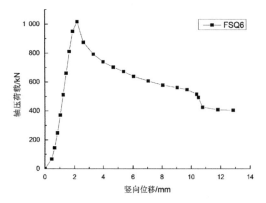

图 7.5　FSQ6 荷载‐位移曲线

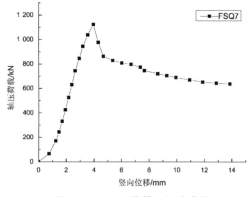

图 7.6　FSQ7 荷载‐位移曲线

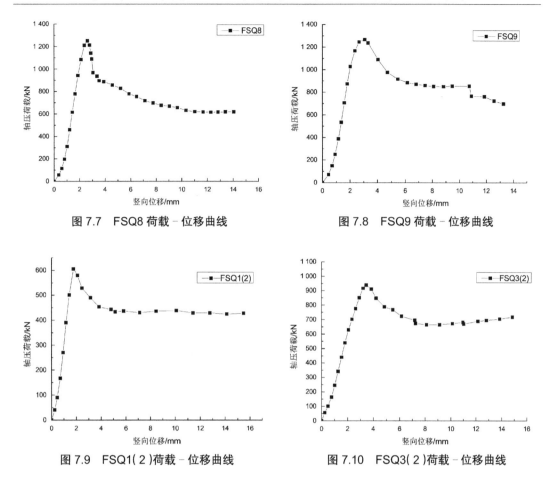

图 7.7　FSQ8 荷载－位移曲线　　　　　图 7.8　FSQ9 荷载－位移曲线

图 7.9　FSQ1(2)荷载－位移曲线　　　　图 7.10　FSQ3(2)荷载－位移曲线

1. 钢管套箍系数的影响

套箍系数是影响钢管混凝土结构承载能力的重要因素,本试验通过改变钢管壁厚而钢管截面尺寸不变和改变截面尺寸而钢管壁厚不变两种方式来改变 CFRP 方钢管珊瑚混凝土短柱试件的套箍系数,试验共设计 3 种壁厚和 4 种截面尺寸,分别为 2 mm、2.5 mm、3 mm和 100 mm × 100 mm、120 mm × 120 mm、140 mm × 140 mm、160 mm × 160 mm。分析套箍系数对试验得到的荷载位移变化情况的影响时,应使用控制变量法,即分析对比试件钢管壁厚为定值情况下 CFRP 方钢管珊瑚混凝土短柱试件截面尺寸变化和试件截面尺寸为定值情况下试件钢管壁厚变化对试件荷载－位移曲线的影响。

以外包碳纤维布层数和截面尺寸为定值而钢管壁厚变化,分别对 3 组试件 SQ2、SQ3、SQ4,FSQ3、FSQ4、FSQ5,FSQ2(2)、FSQ3(2)、FSQ4(2)进行分析对比。

短柱试件 SQ2、SQ3、SQ4 均没有外包碳纤维布,截面尺寸均为 120 mm × 120 mm,钢管壁厚分别为 2 mm、2.5 mm、3 mm,其荷载－位移曲线对比如图 7.11 所示。从图中可以发现,在外包碳纤维布层数不变、截面尺寸不变,通过钢管壁厚的变化改变试件套箍系数的情况下,随着钢管套箍系数的增大(钢管壁厚的增大),试件的轴压承载力显著提升,同时试件的延性也有一定程度的提高,此外试件荷载－位移曲线的斜率随套箍系数的增加而增加。

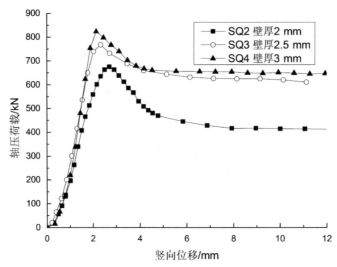

图 7.11　试件 SQ2、SQ3、SQ4 荷载－位移曲线对比

短柱试件 FSQ3、FSQ4、FSQ5 的外包碳纤维布层数均为一层,截面尺寸均为 120 mm×120 mm,钢管壁厚分别为 2 mm、2.5 mm、3 mm,其荷载－位移曲线对比如图 7.12 所示。从图中可以发现,在外包碳纤维布层数不变、截面尺寸不变,通过钢管壁厚的变化改变试件套箍系数的情况下,随着钢管套箍系数的增大(钢管壁厚的增大),试件的轴压承载力显著提升,同时试件的延性也有一定程度的提高,与上一组试件不同的是,试件荷载位移曲线的斜率并不随套箍系数增加而增加,同时在强化阶段,试件的承载力也没有随套箍系数的增加而增加,试件 FSQ4、FSQ5 的荷载－位移曲线在强化阶段有交叉,判断是由试件的珊瑚混凝土制作过程中的略微差异引起的。

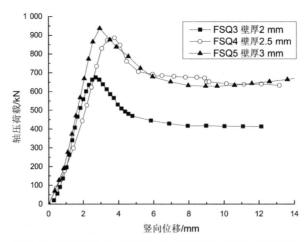

图 7.12　试件 FSQ3、FSQ4、FSQ5 荷载－位移曲线对比

短柱试件 FSQ2(2)、FSQ3(2)、FSQ4(2)的外包碳纤维布层数均为两层,截面尺寸均为

120 mm×120 mm,钢管壁厚分别为 2 mm、2.5 mm、3 mm,其荷载－位移曲线对比如图 7.13 所示。从图中可以发现,在外包碳纤维布层数不变、截面尺寸不变,通过钢管壁厚的变化改变试件套箍系数情况下,总体上随着钢管套箍系数的增大(钢管壁厚的增大),试件的轴压承载力显著提升,但是钢管套箍系数最大的试件 FSQ4(2)的极限荷载比试件 FSQ3(2)小,荷载－位移曲线在 FSQ4(2)达到极限荷载后、FSQ3(2)达到极限荷载前有交叉,同时试件荷载－位移曲线的斜率随套箍系数增加而增加,在强化阶段,试件 FSQ3(2)的承载力同样比试件 FSQ4(2)要大,曲线也没有交叉,同样判断此现象是由试件制作过程中的误差导致的。

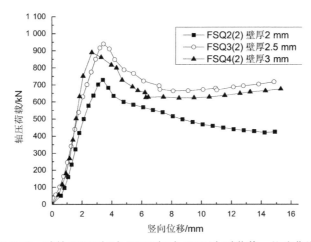

图 7.13　试件 FSQ2(2)、FSQ3(2)、FSQ4(2)荷载－位移曲线

以外包碳纤维布层数和钢管壁厚为定值,而试件截面尺寸为变量,分别对 2 组试件 FSQ1、FSQ3、FSQ6、FSQ8 和 FSQ2、FSQ4、FSQ7、FSQ9 进行对比分析。

图 7.14(a)为试件 FSQ1、FSQ3、FSQ6、FSQ8 的荷载－位移曲线对比图。FSQ1、FSQ3、FSQ6、FSQ8 的截面边长分别为 100 mm、120 mm、140 mm、160 mm,钢管壁厚均为 2 mm,外包碳纤维布层数均为一层。图 7.14(b)为试件 FSQ2、FSQ4、FSQ7、FSQ9 的荷载－位移曲线对比图。FSQ2、FSQ4、FSQ7、FSQ9 的截面边长分别为 100 mm、120 mm、140 mm、160 mm,钢管壁厚均为 2.5 mm,碳纤维布层数均为一层。从图中可以发现,随着试件截面边长的增大,套箍系数减小,但试件的极限荷载仍随边长的增大而增大,表明 CFRP 方钢管珊瑚混凝土短柱的轴压承载力主要由混凝土提供,而钢管及外包碳纤维布主要起到对核心珊瑚混凝土的约束作用;同时可以发现,随着钢管套箍系数的减小,在荷载－位移曲线的直线上升段,曲线斜率减小,试件达到极限荷载后的强化阶段上升趋势下降。

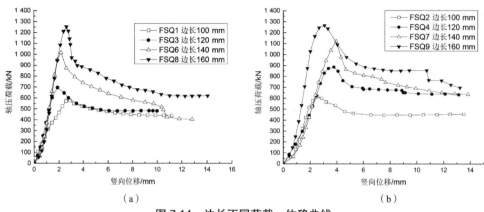

（a）　　　　　　　　　　　　　　　（b）

图 7.14　边长不同荷载‐位移曲线

2.碳纤维布层数的影响

CFRP 方钢管珊瑚混凝土外包碳纤维布对核心珊瑚混凝土的约束作用和对钢管变形的限制作用是影响试件极限承载力和荷载‐位移曲线的重要因素。以外包 CFRP 层数为变量，分别对四组截面尺寸相同、钢管壁厚相同，而外包碳纤维布层数不同的试件进行对比分析，研究外包碳纤维布层数对荷载‐位移曲线的影响情况。

通过对图 7.15、图 7.16、图 7.17 和图 7.18 中 4 组截面尺寸相同、外包 CFRP 层数不同的短柱试件的荷载‐位移曲线的对比可以发现:在截面尺寸和钢管壁厚相同的条件下,试件的极限承载力总体上随外包碳纤维布层数的增加而提高,如图 7.16 和图 7.17 所示的两组试件,但是也有个别现象,如图 7.15 中的试件 FSQ1(2)的极限荷载比与之对应的试件 FSQ2 略小,图 7.18 中的试件 FSQ4(2)的极限荷载比与之对应的试件 FSQ5 略小,之所以会产生这种情况,很可能是试件制作过程中的误差导致的;但是总体上 4 组对比试件中,外包碳纤维布的试件极限承载力均比没有外包碳纤维布的要高;对 4 组试件进行横向比较可以发现,截面尺寸越大,钢管壁厚越大,外包碳纤维布对试件承载力的提升越明显;4 组试件随着碳纤维布层数的增加,在试件达到极限荷载时的竖向位移随之增大,说明外包碳纤维布可以限制方钢管的横向变形,提高试件的延性。

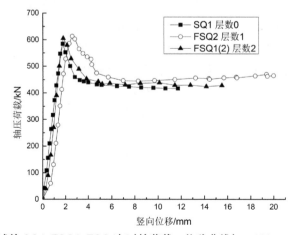

图 7.15　试件 SQ1、FSQ2、FSQ1(2)的荷载‐位移曲线(B=100 mm, t_1=2 mm)

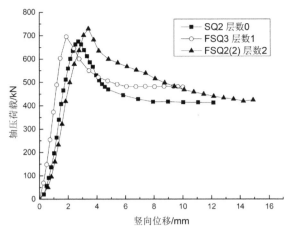

图 7.16　试件 SQ2、FSQ3、FSQ2(2)的荷载－位移曲线(B=120 mm, t_1=2 mm)

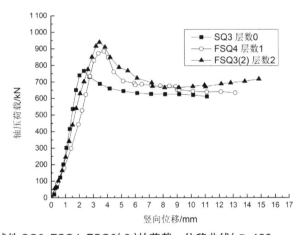

图 7.17　试件 SQ3、FSQ4、FSQ3(2)的荷载－位移曲线(B=120 mm, t_1=2.5 mm)

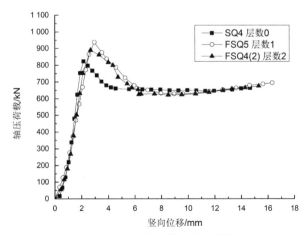

图 7.18　试件 SQ4、FSQ5、FSQ4(2)的荷载－位移曲线(B=120 mm, t_1=3 mm)

7.3.2　荷载－应变曲线

荷载－应变曲线为在方钢管相邻两个面的中截面中心处各布置一个双向直角电阻应变片所测得钢管的荷载－竖向应变曲线和荷载－环向应变曲线以及在方钢管外包碳纤维布上与方钢管上的应变片相同位置粘贴的单向电阻应变片测得的碳纤维布的荷载－环向应变曲线。

1. 轴压荷载与钢管竖向应变

CFRP 方钢管珊瑚混凝土短柱试验制作所用的钢材的屈服强度 f_y＝248.35 MPa，弹性模量 E_s＝2.08×10⁵ MPa，屈服应变 ε＝f_y/E_s＝1 139。图 7.19 为典型实测钢管荷载－竖向应变曲线，从图中可以发现在短柱试件达到极限荷载前，钢管应变已经超过屈服应变，表明在试件达到极限荷载时钢管已经屈服并进入塑性强化阶段，在这种情况下，钢管可能发生局部屈曲，其轴压荷载的承载能力将会出现大幅度的下降，但是试验过程中在达到极限荷载前并没有出现明显的局部屈曲、鼓凸现象，在达到极限荷载后发现所有试件都迅速出现明显的局部鼓凸现象。因而，在分析试件的轴压承载能力时，钢管不应按照屈服强度计算。

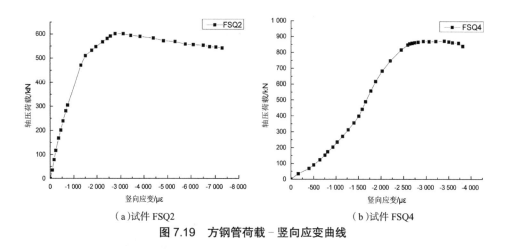

（a）试件 FSQ2　　　　　　　　　　　（b）试件 FSQ4

图 7.19　方钢管荷载－竖向应变曲线

2. 轴压荷载与钢管环向应变

图 7.20 所示为部分试件的中部实测轴压荷载－环向应变曲线，从试验一开始环向应变就随着荷载的逐步增加而增大。通过对试验全程观察发现所有试件在达到极限荷载前，试件的外观都没有明显的变形，在达到极限荷载后均出现局部屈曲、鼓凸现象，这样的现象容易产生钢管对核心珊瑚混凝土的约束作用是在极限荷载之后的误解，但是试件的荷载－环向应变曲线则确切地表明：从试验开始，方钢管对核心珊瑚混凝土的约束作用就一直存在，并随着试验的进行而逐步增大，在试件达到极限荷载时，钢管环向应变远远未达到屈服应变，但是随后钢管对核心混凝土的约束作用明显，钢管迅速变形，表明钢管在双向应力场的作用下，钢管在单一方向的力学性能下降，体现为钢管的变形加速，屈服应力下降。

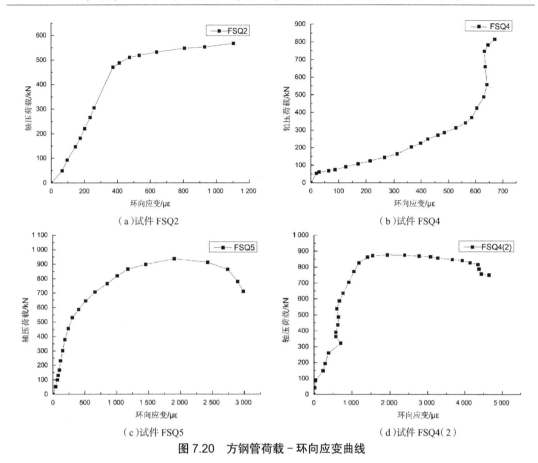

（a）试件 FSQ2　　（b）试件 FSQ4

（c）试件 FSQ5　　（d）试件 FSQ4（2）

图 7.20　方钢管荷载－环向应变曲线

3. CFRP 荷载环向应变曲线

CFRP 方钢管珊瑚混凝土短柱试件的基本受力原理是方钢管和外包碳纤维布对核心珊瑚混凝土形成的约束，使核心珊瑚混凝土在承受轴压荷载时处于三向受压状态，从而提高了核心珊瑚混凝土的轴压承载力。方钢管和外包碳纤维布对 CFRP 方钢管珊瑚混凝土短柱试件轴压承载力的提高作用明显，但是碳纤维布是外包在方钢管上的，其对核心珊瑚混凝土的约束作用是通过作用在方钢管上而间接作用的，因而碳纤维布与方钢管的相互作用关系同样重要。图 7.21 所示为试件 FSQ4、FSQ3（2）的钢管与碳纤维布的荷载－环向应变曲线对比图，从图中可以发现：钢管与碳纤维布的环向应变随荷载值的变化趋势基本一致，同一荷载时碳纤维布与钢管的环向应变相差非常小，因而在有限元分析时可以近似认为外包 CFRP 与方钢管之间不存在相对滑移情况。

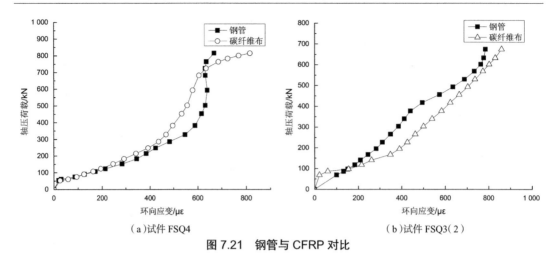

（a）试件 FSQ4　　　　　　　　　　（b）试件 FSQ3（2）

图 7.21　钢管与 CFRP 对比

7.4　承载强度提高系数

从试件荷载－位移曲线的分析可以发现，CFRP 方钢管珊瑚混凝土组合结构短柱，在截面尺寸相同、碳纤维布外包情况相同的情况下，承载力会随钢管套箍系数（钢管壁厚）的增加而增加；同样，在截面尺寸、钢管壁厚相同的情况下，承载力会随碳纤维布外包层数的增加而增加。为更好地对比分析套箍系数和碳纤维布层数对组合结构承载力的影响情况，引入 CFRP 方钢管珊瑚混凝土短柱承载力提高系数 β[117]。CFRP 方钢管珊瑚混凝土短柱承载力提高系数 β 的定义如下：

$$\beta = N_{us}/N_m \tag{7.1}$$

式中：N_{us} 为短柱试件的实测承载力；N_m 为试件的名义极限承载力。

N_m 为在不考虑核心珊瑚混凝土的抗压强度在钢管和外包碳纤维布的约束作用下而提高，只简单地分别叠加钢管和珊瑚混凝土的承载力而得到的极限承载力：

$$N_m = f_{ck}A_c + f_yA_s \tag{7.2}$$

式中：f_{ck} 为珊瑚混凝土轴心抗压强度，A_c 为珊瑚混凝土横截面面积，f_y 为钢管屈服强度，A_s 为钢管横截面面积。

根据式（7.1）和式（7.2）计算的各试件承载力提高系数 β 见表 7.2。

表 7.2　试件承载力分析

试件编号	截面边长 B/mm	钢管壁厚 t_l/mm	钢管套箍系数 θ_s	CFRP 套箍系数 θ_f	试验承载力 N_{us}/kN	名义承载力 N_m/kN	承载强度提高系数 β
SQ1	100.6	2.52	0.735	0	584.76	579.75	1.01
SQ2	121.2	2.02	0.476	0	675.03	741.54	0.91
SQ3	120.5	2.54	0.610	0	823.41	785.22	1.05
SQ4	118.4	3.01	0.746	0	875.41	807.26	1.08
FSQ1	100.6	2.06	0.592	0.434	578.60	542.34	1.07

试件编号	截面边长 B/mm	钢管壁厚 t_1/mm	钢管套箍系数 θ_s	CFRP 套箍系数 θ_f	试验承载力 N_{us}/kN	名义承载力 N_m/kN	承载强度提高系数 β
FSQ2	100.6	2.52	0.735	0.443	613.12	579.75	1.06
FSQ3	121.2	2.02	0.476	0.355	695.21	741.54	0.94
FSQ4	120.5	2.54	0.610	0.364	885.87	785.22	1.13
FSQ5	118.4	3.01	0.746	0.377	936.93	807.26	1.16
FSQ6	140.2	1.96	0.396	0.303	1 017.25	948.91	1.07
FSQ7	140.8	2.56	0.522	0.307	1 122.80	1 025.33	1.10
FSQ8	160.2	2	0.352	0.264	1 251.64	1 207.29	1.04
FSQ9	161.2	2.52	0.445	0.266	1 272.64	1 289.76	0.99
FSQ1（2）	100.6	2.52	0.735	0.443	605.74	579.75	1.04
FSQ2（2）	121.2	2.02	0.476	0.355	729.75	741.54	0.98
FSQ3（2）	120.5	2.54	0.610	0.364	939.81	785.22	1.20
FSQ4（2）	118.4	3.01	0.746	0.377	889.69	807.26	1.10

注：θ_s 为钢管套箍系数，$\theta_s = f_y A_s / f_{ck} A_c$，$\theta_f$ 为碳纤维布套箍系数，$\theta_f = f_{cf} A_{cf} / f_{ck} A_c$，$f_{cf}$ 为碳纤维布抗拉强度，A_{cf} 为碳纤维布横截面面积。

从表 7.2 中可以发现，CFRP 方钢管珊瑚混凝土短柱的承载力提高系数 β 在截面尺寸相同的情况下明显高于方钢管珊瑚混凝土短柱，且 β 明显与外包碳纤维布层数成正比。此外，在截面尺寸相同的情况下，每增加 0.5 mm 的钢管壁厚，CFRP 方钢管珊瑚混凝土短柱的 β 值也要明显大于方钢管珊瑚混凝土短柱，即方钢管珊瑚混凝土短柱壁厚每增加 0.5 mm，β 值平均增加 0.08，而外包单层碳纤维布的 CFRP 方钢管珊瑚混凝土短柱的 β 值平均增加 0.1，外包两层碳纤维布的 CFRP 方钢管珊瑚混凝土短柱的 β 值最多则可增加 0.22，可证明外包碳纤维布可以加强钢管和核心珊瑚混凝土之间的相互作用。

7.5　本章小结

本章对 4 个方形截面钢管珊瑚混凝土短柱试件和 13 个方形截面 CFRP 钢管珊瑚混凝土短柱试件的试验过程进行了详细的描述分析，发现试件在达到极限荷载前无明显声响和形变，极限荷载后钢管变形明显加速，荷载值迅速下降，在试件表面出现明显鼓凸，方形截面 CFRP 钢管珊瑚混凝土短柱试件的承载力随着外包碳纤维布的断裂而呈阶梯式迅速下降。

通过对试验实测的方形截面 CFRP 钢管珊瑚混凝土轴压短柱的荷载 – 位移曲线、钢管的荷载 – 竖向应变曲线、钢管的荷载 – 环向应变曲线、碳纤维布的荷载 – 环向应变曲线的分析可发现，试验过程中外包碳纤维布与钢管之间的相对滑移微乎其微，在理论分析过程中可以近似认为两者无相对滑移。对比外包 CFRP 后的短柱承载力提高系数 β，可证明外包碳纤维布可以加强钢管和核心珊瑚混凝土之间的相互作用，且在相同截面尺寸的情况下，增加外包 CFRP 层数能够更好地提高试件的承载能力。

第8章 圆形截面 CFRP 外包钢管珊瑚混凝土轴压构件承载理论研究

8.1 引言

以钢管套箍约束珊瑚混凝土增强机理研究为基础,通过圆形截面 CFRP 外包钢管珊瑚混凝土柱轴压试验,得到了圆形截面 CFRP 圆钢管珊瑚混凝土柱单轴向受压的基本力学行为与破坏形态,试验结果表明,影响圆形截面 CFRP 外包钢管珊瑚混凝土柱受力形态的因素包括构件长径比、材料强度、含钢率、截面尺寸、CFRP 外包条件等。本章从圆形截面 CFRP 外包钢管珊瑚混凝土柱的受压平衡条件入手,利用极限平衡理论对短柱轴压承载力计算方法进行解析研究,并结合长柱轴压试验结论,考虑长径比对长柱承载力的影响情况,提出统一的圆形截面 CFRP 外包钢管珊瑚混凝土轴心受压构件的极限承载强度计算理论。

8.2 CFRP 钢管珊瑚混凝土轴压构件承载力解析

根据试验观察, CFRP 钢管珊瑚混凝土柱的力学行为具有三向受压混凝土的特点,在接近极限荷载时,混凝土体积变形增大,构件柱的极限承载能力和体积压缩变形量随套箍系数的提高而增大,当长径比(L/D)较大时,其极限承载力会显著减小。在轴压过程中,CFRP 布、钢管和核心混凝土的受力状态和变化过程要比普通钢管混凝土复杂。

8.2.1 轴压短柱工作机理

根据 CFRP 布、钢管和珊瑚混凝土 3 种材料的受力特点可将 CFRP 钢管珊瑚混凝土短柱轴压受力过程分为 3 个阶段。

1. 受力第一阶段

在荷载初始加载条件下,钢管内部珊瑚混凝土在轴向力作用下,在弹性阶段范围内不出现微裂缝,此时珊瑚混凝土的泊松比较小,其横向变形小于钢管弓弦效应下的横向变形,管内珊瑚混凝土不受径向作用力约束,随之荷载增大,珊瑚混凝土微裂缝出现,受力情况进入塑性状态,横向变形随之增大,当其横向变形等于钢管径向变形时,管内混凝土与钢管受力状态改变。值得注意的是,在 2.3.4 小节关于珊瑚混凝土材料弹性模量的测试中,反映了相同强度的珊瑚混凝土弹性模量值小于普通混凝土;在 3.3 节关于约束珊瑚混凝土受钢管约束的套箍增强试验中,试验结果反映了骨料级配与混凝土配合比基本接近的珊瑚骨料混凝土与普通碎石混凝土,在钢管套箍约束条件下,在轴压弹性阶段内,相同轴压应力下的珊瑚混凝土侧向应变要大于普通混凝土（图 3.18 ）。

圆形截面钢管在 CFRP 布约束下,同样在弓弦效应下,其横向变形受到约束,钢管处于受径向力、轴压力和环向力的三向受力状态。CFRP 布受钢管的径向力和环向力作用,此时管内混凝土、钢管和 CFRP 布的受力简图如图 8.1 所示。图中:$\sigma_{t,cf}$ 为 CFRP 布环向应力;$\sigma_{r,cf}$ 为 CFRP 布径向应力;σ_1 为钢管纵向应力;σ_2 为钢管环向应力;$\sigma_{c,c}$ 为核心珊瑚混凝土纵向应力。受力第一阶段的特征为核心混凝土横向变形小于钢管径向变形。

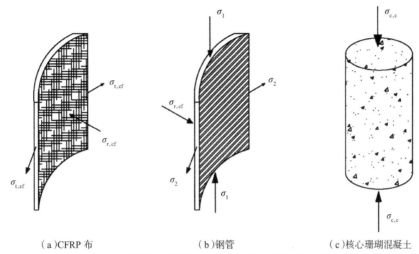

（a）CFRP 布　　　　　　（b）钢管　　　　　　（c）核心珊瑚混凝土

图 8.1　CFRP 钢管珊瑚混凝土第一阶段受力示意

2. 受力第二阶段

随着荷载增加, CFRP 钢管珊瑚混凝土短柱的纵向应变增大,管内珊瑚混凝土内部的微裂缝不断发展,此时珊瑚混凝土的侧向膨胀达到并超过钢管的侧向变形,受钢管变形约束限制,珊瑚混凝土处于轴压和侧压的三向受力状态。

在受力第二阶段,钢管经历弹性变形和塑性变形两个阶段。在弹性阶段时,钢管珊瑚混凝土短柱体积变形不大,承载力随变形呈线性增长。当钢管部分截面达到屈服进入流塑阶段后,钢管出现吕德尔斯滑移变形, CFRP 钢管珊瑚混凝土短柱的应变发展加大,体积变形急剧增加。此时,钢管受径向力、纵向压力与环向力作用。

在钢管体积变形影响下, CFRP 布环向应力急剧增加,直至达到极限强度。此时,管内珊瑚混凝土、钢管和 CFRP 布的受力简图如图 8.2 所示。图中:σ_r 为钢管径向应力;p_c 为核心珊瑚混凝土侧压应力（径向应力）;其余符号与图 8.1 所述相同。

受力第二阶段的特征为钢管与核心珊瑚混凝土均受径向压力,承载力能达到峰值。

3. 受力第三阶段

随纵向荷载持续增加,钢管在弓弦效应下的横向变形趋势持续增大, CFRP 布环向应力增大,在 CFRP 布的环向力达到其极限强度后, CFRP 布发生局部断裂, CFRP 钢管珊瑚混凝土短柱轴压受力状态进入第三阶段。在该阶段,由于 CFRP 布断裂,钢管失去环向约束作用,受压构件为钢管珊瑚混凝土短柱受压状态。由于 CFRP 布退出工作,钢管截面应力重新分布,此时钢管处于受纵压、侧压和环向应力受力状态,钢管迅速进入流塑屈服阶段,吕德尔斯滑移线明显,钢管变形增大。管内珊瑚混凝土由于早已进入塑性变形状态,且在轴压力、侧压力三向应力状态下,变形持续增大。此时,管内珊瑚混凝土、钢管和 CFRP 布的受力简图如图 8.3 所示,图中符号含义同前所述。

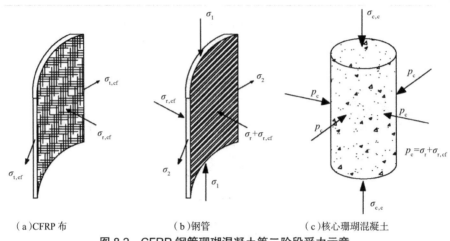

（a）CFRP 布   （b）钢管   （c）核心珊瑚混凝土

图 8.2   CFRP 钢管珊瑚混凝土第二阶段受力示意

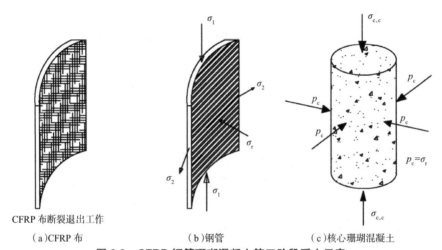

（a）CFRP 布   （b）钢管   （c）核心珊瑚混凝土

图 8.3   CFRP 钢管珊瑚混凝土第三阶段受力示意

在受力第三阶段,CFRP 钢管珊瑚混凝土短柱承载力经峰值点后迅速下降,随后随纵向变形位移增大,钢管珊瑚混凝土短柱承载力继续增加,直至钢管彻底失去承载能力,其最大极限荷载甚至超过 CFRP 布断裂时的峰值荷载,表现为构件进入强化阶段。由于此时构件压缩变形增大,相对压缩位移超过 20%,钢管珊瑚混凝土短柱极限荷载已不能作为构件承载能力极限状态设计依据。

受力第三阶段的特征为 CFRP 布断裂,钢管珊瑚混凝土短柱受压进入强化阶段。

8.2.2　基本假定

在不考虑变形过程对 CFRP 外包钢管珊瑚混凝土柱承载能力影响的情况下,采用极限平衡法求解轴压短柱承载力的基本假定如下。

（1）视 CFRP 钢管珊瑚混凝土柱为 CFRP 布、钢管与核心珊瑚混凝土 3 种元件组成的结构体系（图 8.4）。

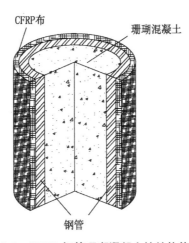

CFRP布　　珊瑚混凝土

钢管

图 8.4　CFRP 钢管珊瑚混凝土柱结构体系

（2）核心珊瑚混凝土为三向受力状态,其屈服条件根据 3.2.2 小节中所述,服从式（3.1）$\sigma_{c,c}=f_{c,c}+K_c p_c$ 以及式（3.3）$\sigma_{c,c}=f_{c,c}(1+1.5\sqrt{\dfrac{p_c}{f_{c,c}}}+2\dfrac{p_c}{f_{c,c}})$ 的关系。

（3）钢管为理想弹塑性材料,采用 Von Mises 屈服准则,即服从式（3.6）$\sigma_1^2+\sigma_1\sigma_2+\sigma_2^2=f_a^2$ 的关系。

（4）由于研究的钢管壁较薄,在极限状态下,对于钢管外直径 D 与壁厚 t 的比值大于 20 薄壁钢管,其所受径向应力 σ_r 远小于环向应力 σ_2,其钢管的应力状态可简化为纵压与环拉的双向应力状态;对于外包 CFRP 布,在受力极限状态下,可按薄膜处理,即只受环向拉应力 $\sigma_{t,cf}$ 作用。

8.2.3　轴压短柱极限承载力计算

根据圆形截面 CFRP 外包钢管珊瑚混凝土短柱轴压受力状态分析,将 CFRP 布受拉断裂状态作为 CFRP 外包钢管珊瑚混凝土短柱轴压承载能力的极限状态。由于管内珊瑚混凝土不服从正交流动准则,可认为是假塑性元件 [106],因而采用静力法推导其承载力计算公式。其短柱截面的受力示意简图如图 8.5 所示。

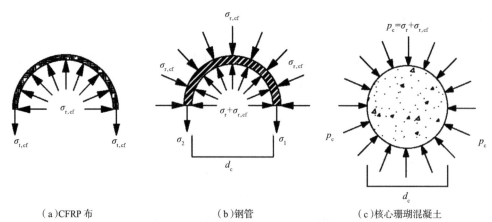

（a）CFRP 布　　　　　　　　（b）钢管　　　　　　（c）核心珊瑚混凝土

图 8.5　CFRP 钢管珊瑚混凝土短柱轴压平截面受力简图

由图 8.5 的受力简图可知,CFRP 布和钢管的径向应力 $\sigma_{r,cf}$、σ_r 与核心珊瑚混凝土侧压应力 p_c 间存在如下静力平衡关系:

$$p_c = \sigma_r + \sigma_{r,cf} \tag{8.1}$$

沿 CFRP 钢管珊瑚混凝土短柱轴压方向有

$$N_c = A_c\sigma_{c,c} + A_a\sigma_1 \tag{8.2}$$

式中:N_c 为 CFRP 钢管珊瑚混凝土短柱轴向压力。

根据 3.4 节约束珊瑚混凝土钢管套箍增强机理研究中对钢管轴压受力状态的描述(图 3.22),处于轴压的薄壁钢管,其环拉应力 σ_2 与径向应力 σ_r 有式(3.23)$\sigma_2 = \sigma_r \dfrac{d_c}{2t}$ 的关系。

同理,在极限状态下的外包 CFRP 布圆筒,筒径(钢管外径)为 D,CFRP 布厚度为 t_{cf},其径向应力 $\sigma_{r,cf}$ 与环向拉应力 $\sigma_{t,cf}$ 满足:

$$\sigma_{t,cf} = \sigma_{r,cf} \frac{D}{2t_{cf}} \tag{8.3}$$

其中,$D = d_c + 2t_{cf}$,且 D 远大于 t_{cf},可令 $D = d_c$,代入式(8.3),有

$$\sigma_{t,cf} = \sigma_{r,cf} \frac{d_c}{2t_{cf}} \tag{8.4}$$

钢管内核心珊瑚混凝土横截面面积 A_c 为

$$A_c = \pi \frac{d_c^2}{4} \tag{8.5}$$

近似取钢管、外包 CFRP 布的横截面面积 A_a、A_{cf} 分别为

$$A_a = \pi d_c t \tag{8.6}$$

$$A_{cf} = \pi d_c t_{cf} \tag{8.7}$$

分别将式(8.5)、式(8.6)和式(8.7)代入式(3.23)和式(8.4),则有

$$\sigma_2 = 2\sigma_r \frac{A_c}{A_a} \tag{8.8}$$

$$\sigma_{t,cf} = 2\sigma_{r,cf} \frac{A_c}{A_{cf}} \tag{8.9}$$

将式(8.8)代入 Von Mises 屈服准则关系式(3.6),整理得到

$$\sigma_1 = \sqrt{f_a^2 - 3\sigma_r^2 \left(\frac{A_c}{A_a}\right)^2} - \sigma_r \frac{A_c}{A_a} \tag{8.10}$$

对 CFRP 钢管珊瑚混凝土柱,定义钢管和外包 CFRP 布对核心珊瑚混凝土的套箍系数 ξ_a、ξ_{cf} 分别为

$$\xi_a = \frac{A_a f_a}{A_c f_{c,c}} \tag{8.11}$$

$$\xi_{cf} = \frac{A_{cf} f_{cf}}{A_c f_{c,c}} \tag{8.12}$$

式中:f_{cf} 为 CFRP 布的极限抗拉强度。

将式(8.11)代入式(8.10)得

$$\sigma_1 = f_a \left[\sqrt{1 - \frac{3}{\xi_a^2} \left(\frac{\sigma_r}{f_{c,c}}\right)^2} - \frac{\sigma_r}{\xi_a f_{c,c}} \right] \tag{8.13}$$

将基本假定(2)关于珊瑚混凝土三向受压应力关系式(3.1)以及式(8.1)、式(8.9)和式(8.13)依次代入式(8.2)得

$$
\begin{aligned}
N_c &= A_c f_{c,c}\left(1 + K_c \frac{\sigma_r + \sigma_{r,cf}}{f_{c,c}}\right) + A_a f_a\left[\sqrt{1 - \frac{3}{\xi_a^2}\left(\frac{\sigma_r}{f_{c,c}}\right)^2} - \frac{\sigma_r}{\xi_a f_{c,c}}\right] \\
&= A_c f_{c,c}\left(1 + K_c \frac{\sigma_r}{f_{c,c}}\right) + A_a f_a\left[\sqrt{1 - \frac{3}{\xi_a^2}\left(\frac{\sigma_r}{f_{c,c}}\right)^2} - \frac{\sigma_r}{\xi_a f_{c,c}}\right] + K_c A_c f_{c,c}\frac{\sigma_{r,cf}}{f_{c,c}} \\
&= A_c f_{c,c}\left[1 + (K_c - 1)\frac{\sigma_r}{f_{c,c}} + \sqrt{\xi_a^2 - 3\left(\frac{\sigma_r}{f_{c,c}}\right)^2}\right] + K_c A_c \sigma_{r,cf} \\
&= A_c f_{c,c}\left[1 + (K_c - 1)\frac{\sigma_r}{f_{c,c}} + \sqrt{\xi_a^2 - 3\left(\frac{\sigma_r}{f_{c,c}}\right)^2}\right] + \frac{1}{2}K_c \frac{\sigma_{t,cf} A_{cf}}{f_{c,c} A_c} A_c f_{c,c} \tag{8.14}
\end{aligned}
$$

由以上推导,可以看出圆形截面 CFRP 钢管珊瑚混凝土短柱轴压承载力 N_c 的计算公式 (8.14)由 $A_c f_{c,c}\left[1 + (K_c - 1)\dfrac{\sigma_r}{f_{c,c}} + \sqrt{\xi_a^2 - 3\left(\dfrac{\sigma_r}{f_{c,c}}\right)^2}\right]$ 和 $\dfrac{1}{2}K_c \dfrac{\sigma_{t,cf} A_{cf}}{f_{c,c} A_c} A_c f_{c,c}$ 两部分之和组成,且前

一项与钢管的约束性能有关,可认为是钢管约束珊瑚混凝土的轴压承载力 N_a;后一项与外包 CFRP 布的约束性能有关,可认为是 CFRP 布外包钢管条件下的 CFRP 布对核心珊瑚混凝土的约束承载力 N_{cf}。即

$$N_c = N_a + N_{cf} \tag{8.15}$$

$$N_a = A_c f_{c,c}\left[1 + (K_c - 1)\frac{\sigma_r}{f_{c,c}} + \sqrt{\xi_a^2 - 3\left(\frac{\sigma_r}{f_{c,c}}\right)^2}\right] \tag{8.16}$$

$$N_{cf} = \frac{1}{2}K_c \frac{\sigma_{t,cf} A_{cf}}{f_{c,c} A_c} A_c f_{c,c} \tag{8.17}$$

由上式可以看出,轴压承载力 N_c 是钢管径向力 σ_r 和 CFRP 布拉应力 $\sigma_{t,cf}$ 的函数,因而

要求解 CFRP 钢管珊瑚混凝土短柱轴压极限承载力 $N_{0,c}=N_{0,a}+N_{0,cf}$，即对式（8.16）和式（8.17）求解最大值。其中，$N_{0,c}$ 为短柱轴压极限承载力；$N_{0,a}$ 为短柱轴压下的钢管约束珊瑚混凝土极限承载力；$N_{0,cf}$ 为 CFRP 布外包钢管条件下的 CFRP 布对核心珊瑚混凝土约束极限承载力。

根据 3.2.2 小节部分关于对珊瑚混凝土三向受压极限状态条件的分析，应当分别考虑以下两种情况：一是钢管套箍系数 ξ_a 不大（$\xi_a \leqslant 1.235$），侧压系数 K_c 为常数的情况；二是钢管套箍系数 $\xi_a > 1.235$，侧压系数 $K_c = 2 + 1.5 / \sqrt{p_c / f_{c,c}}$ 的情况。

1. 侧压系数 K_c 为常数（低套箍强度条件）

将式（8.16）对 σ_r 求导，且根据极值条件 $dN_a/d\sigma_r=0$，在极值点的极限承载力 $N_{0,a}$ 为

$$N_{0,a} = A_c f_{c,c} \left[1 + \xi_a \sqrt{1 + (K_c - 1)^2 / 3} \right] \qquad (8.18)$$

当常数 K_c 取值为 2~6 时，近似认为 $\sqrt{1 + (K_c - 1)^2 / 3} \approx K_c / 2$，则式（8.18）简化为

$$N_{0,a} = A_c f_{c,c} \left[1 + \frac{K_c}{2} \xi_a \right] \qquad (8.19)$$

对式（8.17）的极值条件可认为是 CFRP 布环向拉应力 $\sigma_{t,cf}$ 达到极限抗拉强度 f_{cf}，则有

$$N_{0,cf} = \frac{K_c}{2} A_c f_{c,c} \xi_{cf} \qquad (8.20)$$

因而，圆形截面 CFRP 钢管珊瑚混凝土短柱轴压极限承载力 $N_{0,c}$ 的计算公式为

$$N_{0,c} = A_c f_{c,c} \left[1 + \frac{K_c}{2} \xi_a \right] + \frac{K_c}{2} A_c f_{c,c} \xi_{cf}$$

$$= A_c f_{c,c} \left[1 + \frac{K_c}{2} (\xi_a + \xi_{cf}) \right] \qquad (8.21)$$

根据 3.4.3 小节关于对约束珊瑚混凝土的侧压系数在常数范围内的取值计算结果，本书可按 $K_c=2.53$ 的计算条件进行。

2. 侧压系数 K_c 不为常数（高套箍强度条件）

1）实际解析式

在高侧压条件下，即钢管套箍系数 $\xi_a > 1.235$ 时，对于侧压系数 $K_c = 2 + 1.5 / \sqrt{p_c / f_{c,c}}$，且 $p_c = \sigma_r + \sigma_{r,cf}$，将其代入式（8.16）和式（8.17）则有

$$N_a = A_c f_{c,c} \left[1 + (1 + \frac{1.5}{\sqrt{\dfrac{\sigma_r + \sigma_{r,cf}}{f_{c,c}}}}) \frac{\sigma_r}{f_{c,c}} + \sqrt{\xi_a^2 - 3(\frac{\sigma_r}{f_{c,c}})^2} \right] \qquad (8.22)$$

$$N_{cf} = \frac{1}{2} \left(2 + \frac{1.5}{\sqrt{\dfrac{\sigma_r + \sigma_{r,cf}}{f_{c,c}}}} \right) \frac{\sigma_{t,cf} A_{cf}}{f_{c,c} A_c} A_c f_{c,c} \qquad (8.23)$$

此时，上式的极值条件为

$$\frac{\mathrm{d}N_a}{\mathrm{d}\sigma_r}=0 \tag{8.24}$$

$$\frac{\mathrm{d}N_{cf}}{\mathrm{d}\sigma_r}=0 \tag{8.25}$$

$$\sigma_{t,cf}=f_{cf} \tag{8.26}$$

将式（8.9）、式（8.12）和式（8.26）代入式（8.22）和式（8.23）有

$$N_a = A_c f_{c,c} \left[1+(1+\frac{1.5}{\sqrt{\frac{\sigma_r}{f_{c,c}}+\frac{\xi_{cf}}{2}}})\frac{\sigma_r}{f_{c,c}}+\sqrt{\xi_a^2-3(\frac{\sigma_r}{f_{c,c}})^2} \right] \tag{8.27}$$

$$N_{cf} = \frac{1}{2}\left(2+\frac{1.5}{\sqrt{\frac{\sigma_r}{f_{c,c}}+\frac{\xi_{cf}}{2}}} \right)\xi_{cf} A_c f_{c,c} \tag{8.28}$$

用式（8.27）、式（8.28）对自变量 σ_r 求导数，有

$$\frac{\mathrm{d}N_a}{\mathrm{d}\sigma_r}=A_c\left[1+\frac{1.5}{\sqrt{\frac{\sigma_r}{f_{c,c}}+\frac{\xi_{cf}}{2}}}-\frac{1.5\frac{\sigma_r}{f_{c,c}}}{\sqrt{\xi_a^2-3\left(\frac{\sigma_r}{f_{c,c}}\right)^2}}-\frac{0.75\frac{\sigma_r}{f_{c,c}}}{\left(\frac{\sigma_r}{f_{c,c}}+\frac{\xi_{cf}}{2}\right)\sqrt{\frac{\sigma_r}{f_{c,c}}+\frac{\xi_{cf}}{2}}} \right] \tag{8.29}$$

$$\frac{\mathrm{d}N_{cf}}{\mathrm{d}\sigma_r}=A_c\frac{-\frac{3}{8}\xi_{cf}}{\left(\frac{\sigma_r}{f_{c,c}}+\frac{\xi_{cf}}{2}\right)\sqrt{\frac{\sigma_r}{f_{c,c}}+\frac{\xi_{cf}}{2}}} \tag{8.30}$$

按极值条件式（8.24）、式（8.25）和式（8.26）联立求解，并整理得到

$$1+\frac{1.5}{\sqrt{\frac{\sigma_r}{f_{c,c}}+\frac{\xi_{cf}}{2}}}-\frac{1.5\frac{\sigma_r}{f_{c,c}}}{\sqrt{\xi_a^2-3\left(\frac{\sigma_r}{f_{c,c}}\right)^2}}=0 \tag{8.31}$$

由等式（8.31）可求出极值条件，即极限轴压承载力下的径向应力 σ_r^* 或 $\frac{\sigma_r^*}{f_{c,c}}$，将其代入式（8.27）和式（8.28），即

$$N_{0,c} = A_c f_{c,c}\left[1+\frac{1.5\left(\frac{\sigma_r^*}{f_{c,c}}\right)^2}{\sqrt{\xi_a^2-3(\frac{\sigma_r^*}{f_{c,c}})^2}}+\sqrt{\xi_a^2-3(\frac{\sigma_r^*}{f_{c,c}})^2}+\frac{0.75\xi_{cf}\left(\frac{\sigma_r^*}{f_{c,c}}\right)}{\sqrt{\xi_a^2-3(\frac{\sigma_r^*}{f_{c,c}})^2}}+\frac{\xi_{cf}}{2} \right] \tag{8.32}$$

则由式（8.32）即可求出 CFRP 钢管珊瑚混凝土短柱轴心受压极限承载力 $N_{0,c}$。

　　2）简化计算公式

　　为方便计算，且考虑 CFRP 外包钢管时，受外包工艺与黏结胶对钢管与核心混凝土约束受力有一定影响的因素，认为核心混凝土侧压系数 K_c 的取值对圆形截面 CFRP 约束钢管混凝土影响不大，按常数考虑。因而对钢管套箍系数 $\xi_a > 1.235$，参考《钢管混凝土结构技术规范》（GB 50936—2014）[67] 和文献 [107]，对钢管约束混凝土极限承载力按下式计算：

$$N_{0,a}=A_c f_{c,c}\left(1+\sqrt{\xi_a}+1.1\xi_a\right) \tag{8.33}$$

　　结合式（8.20），得到此时 CFRP 钢管珊瑚混凝土短柱轴心受压极限承载力 $N_{0,c}$ 的简化公式为

$$N_{0,c}=A_c f_{c,c}\left(1+\sqrt{\xi_a}+1.1\xi_a+\frac{K_c}{2}\xi_{cf}\right) \tag{8.34}$$

式中：核心混凝土侧压系数 K_c 为常数，且 $K_c = 2.53$。

　　因而，由以上所述的推导结果可知，对于钢管套箍系数 $\xi_a \leqslant 1.235$，核心珊瑚混凝土侧压系数取 $K_c = 2.53$，圆形截面 CFRP 外包钢管珊瑚混凝土短柱轴心受压极限承载力按照式（8.21）求解计算；对于钢管套箍系数 $\xi_a > 1.235$，圆形截面 CFRP 外包钢管珊瑚混凝土短柱轴心受压极限承载力的计算可按式（8.31）和式（8.32）的极值条件求解计算，也可按式（8.34）简化计算。

8.2.4　考虑长细比影响的轴压长柱极限承载力计算

　　关于长细比 $\lambda \geqslant 16$ 的 CFRP 钢管珊瑚混凝土中长柱，且 $\lambda = 4L/D$，根据 4.4 节的试验过程分析，在轴压荷载作用下表现的力学行为不同于短柱，承载能力和构件变形随长细比 λ 的不同而有较大差异。

　　从结构受力状态分析，对于长细比较大的长柱（$\lambda \geqslant 30$），理论上认为在轴压作用下，构件只发生弯曲屈服，其破坏状态为失稳破坏，理想情况下可采用 Euler 公式求解失稳破坏的临界承载力，即

$$N_{cr}=\frac{\pi^2}{L^2}(E_{c,c}I_{c,c}+E_a I_a) \tag{8.35}$$

式中：E_a 和 $E_{c,c}$ 分别为钢管与核心珊瑚混凝土的弹性模量；I_a 和 $I_{c,c}$ 分别为钢管与核心珊瑚　　　混凝土截面的惯性矩。

　　长柱试验中荷载－位移与荷载－钢管应变的关系曲线表明，在构件长柱发生稳定性破坏前，构件柱已发生塑性变形，实际的失稳破坏多发生在构件承载变形的塑性阶段。因此，应采用钢管和核心珊瑚混凝土材料本构关系模型中的切线模量计算构件失稳临界承载力，即式（8.35）可改为

$$N_{cr}=\frac{\pi^2}{L^2}(E_{c,c}^t I_{c,c}+E_a^t I_a) \tag{8.36}$$

式中：E_a^t 和 $E_{c,c}^t$ 分别为钢管与核心珊瑚混凝土的切线模量。

也可按"统一理论"将钢管和核心珊瑚混凝土作为一种复合材料组合后共同工作考虑，建立钢管珊瑚混凝土组合材料本构模型[110]，以其组合模量或组合切线模量计算长柱构件失稳临界承载力，即

$$N_{cr} = \frac{\pi^2}{L^2} E_{sc,c} I_{sc,c} \tag{8.37}$$

$$N_{cr} = \frac{\pi^2}{L^2} E_{sc,c}^t I_{sc,c} \tag{8.38}$$

式中：$E_{sc,c}$ 和 $E_{sc,c}^t$ 分别为钢管珊瑚混凝土组合弹性模量和组合切线模量；$I_{sc,c}$ 为钢管珊瑚混凝土组合截面惯性矩。

但是，对于长细比不是很大的中柱（$16 \leqslant \lambda < 30$），轴压试验表明，其破坏不完全表现为构件的失稳破坏，与长柱相比，钢管会发生较大和较多的屈曲鼓突；但也不类似于短柱的强度破坏，在失去承载能力前，构件会发生较大的横向挠度变形。因此，认为此类 CFRP 钢管珊瑚混凝土中柱的破坏为非弹性稳定性破坏，其承载强度必然受 CFRP 布和钢管对核心珊瑚混凝土的套箍约束作用影响，同时也与构件的长细比系数的大小有关。其承载能力的计算可采用两种方式进行：其一，采用上述长柱的 Euler 公式计算方法，对其按 CFRP 布和钢管对核心混凝土套箍约束的强度增强进行修正；其二，采用短柱承载力计算公式，对其按长细比系数的大小进行强度折减。采用第一种方法，虽然计算公式比较简单，但 CFRP 布与钢管对核心珊瑚混凝土的套箍增强影响较为复杂，需要建立中柱条件下承载强度与套箍约束核心珊瑚混凝土侧压应力之间的关系。

目前，关于钢管混凝土长柱的稳定承载力计算，绝大多数研究成果是采用长细比折减系数进行计算，即

$$N_l = \varphi N_0 \tag{8.39}$$

式中：N_0 和 N_l 分别为钢管混凝土短柱和长柱的稳定承载力；φ 为考虑长细比影响的长柱承载力折减系数。

中国建研院早在 20 世纪 80 年代就通过试验数据回归分析，建立了钢管混凝土轴压柱的长细比增加与承载能力降低程度之间的拟合关系[111]，即

$$\varphi = 1 - 0.115 \sqrt{L/D - 4} \tag{8.40}$$

式中：L/D 为以柱有效长度计算的长径比。

通过式（8.40）与相关试验结果进行比较（图 8.6），其计算值与试验数据吻合理想[108]。

圆形截面 CFRP 外包钢管珊瑚混凝土中长柱的稳定承载力计算，可类似上述钢管混凝土柱的计算方法，即采用短柱承载力计算公式计算（当钢管套箍系数 $\xi_a \leqslant 1.235$ 时，采用式（8.21）计算；当钢管套箍系数 $\xi_a > 1.235$ 时，采用极值条件式（8.32）或简化公式（8.34）计算），再按长细比系数的大小进行折减，即

$$N_{u,c} = \varphi_c N_{0,c} \tag{8.41}$$

式中：$N_{u,c}$ 为 CFRP 钢管珊瑚混凝土柱轴压极限承载力；$N_{0,c}$ 为 CFRP 钢管珊瑚混凝土短柱轴压极限承载力；φ_c 为 CFRP 钢管珊瑚混凝土柱承载力的长细比折减系数。

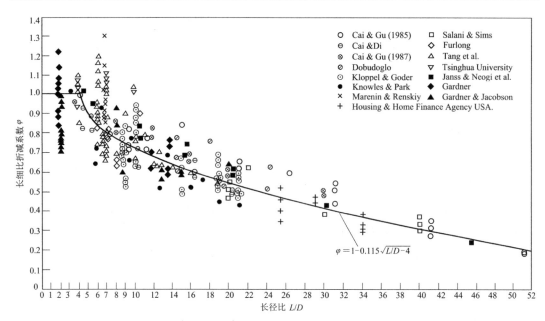

图8.6　长细比折减系数与长径比关系的试验数据校核

关于 CFRP 外包钢管珊瑚混凝土柱承载力长细比折减系数的确定,可根据 5.4 节中长柱的试验结果,按 $\varphi_c = 1 - A\sqrt{L/D - 4}$ 进行数据回归得到。

根据构件参数情况,分别以 FLS1 柱和 FLS1(2)柱为基数,不同长径比柱的实际荷载与短柱理论计算值的比较关系见表8.1。

表8.1　不同柱的长细比折减系数

试件编号	构件尺寸 $D \times t \times L /$ （ mm × mm × mm ）	套箍系数		长径比 L/D	实测值 $N_{u,c}^t$ /kN	理论短柱计算值 $N_{u,c}$ /kN	$\varphi_c = \dfrac{N_{u,c}^t}{N_{0,c}}$
		ξ_a	ξ_{cf}				
FLS1	$139 \times 2.0 \times 510$	0.440	0.314	3.67	840.00	978.69	0.858 3
FLS2	$139 \times 2.0 \times 621$	0.440	0.314	4.47	809.00	978.69	0.826 6
FLS3	$139 \times 2.0 \times 943$	0.440	0.314	6.78	710.00	978.69	0.725 5
FLS4	$139 \times 2.0 \times 1\,254$	0.440	0.314	9.02	690.39	978.69	0.705 4
FLS5	$139 \times 2.0 \times 1\,575$	0.440	0.314	11.33	620.14	978.69	0.633 6
FLS1(2)	$139 \times 2.0 \times 506$	0.440	0.628	3.64	899.00	1 177.66	0.763 4
FLS2(2)	$139 \times 2.0 \times 1\,257$	0.440	0.628	9.04	718.00	1 177.66	0.609 7

对表 8.1 中数据进行线性回归后(回归曲线如图 8.7 所示),得到 $A = 0.150\,4$,则 CFRP 钢管珊瑚混凝土柱长细比折减系数的计算公式为

$$\varphi_c = 1 - 0.150\,4\sqrt{L/D - 4} \tag{8.42}$$

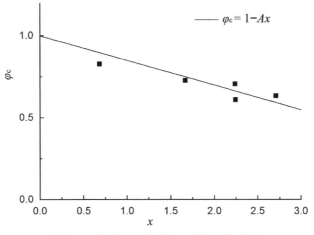

图 8.7 长细比折减系数 φ_c 线性回归曲线

如图 8.7 所示,回归方程中的变量 x 为 $\sqrt{L/D-4}$,按指定截距 1.0,进行线性回归后得到斜率 $A=0.150\ 4$,且回归残差平方和(Residual Sum of Squares)为 0.011 77,标准误差(Standard Error)为 0.011 94,校正决定系数(Adjusted R-Square)为 0.994 07,反映曲线拟合效果很好。

8.3 数据校核

8.3.1 低套箍强度条件的理论公式试验数据校核

关于圆形截面 CFRP 外包钢管珊瑚混凝土柱的轴压极限承载力的计算,在钢管套箍系数较小的情况下(即 $\xi_a \leqslant 1.235$),分别采用短柱轴压承载力计算公式和长细比折减系数计算式进行计算,再代入中长柱承载力计算公式求解得到。为验证计算理论的正确性,可与构件的破坏试验结果进行比较,加以校核。

取 4.2.1 和 5.2.1 小节关于 CFRP 钢管珊瑚混凝土短柱和中长柱试验的试件参数,利用短柱轴压强度式(8.21)和长细比折减系数计算式(8.42)计算,再代入式(8.41)求解计算出圆形截面 CFRP 外包钢管珊瑚混凝土受压构件的轴压极限承载力 $N_{u,c}$,并将其与试验结果进行比较分析,具体见表 8.2。在具体计算过程中,侧压系数 K_c 应按钢管套箍系数 $\xi_a \leqslant 1.235$ 的条件取常数计算,且依据 3.4.3 小节关于侧压系数取值计算解析结论,按 $K_c=2.53$ 进行计算。

表 8.2 CFRP 钢管珊瑚混凝土受压构件轴压极限承载力实测值与理论值比较

试件编号	构件尺寸 $D \times t \times L$ /(mm × mm × mm)	套箍系数		CFRP 层数	长细比 λ	实测值 $N_{u,c}^t$ /kN	计算值 $N_{u,c}$ /kN	实测值 / 计算值 $N_{u,c}^t/N_{u,c}$
		ξ_a	ξ_{cf}					
FSC1	$110 \times 2.0 \times 296$	0.541	0.397	1	10.8	648.00	704.50	0.920

试件编号	构件尺寸 $D \times t \times L$ /（mm×mm×mm）	套箍系数		CFRP 层数	长细比 λ	实测值 $N_{u,c}^t$ /kN	计算值 $N_{u,c}$ /kN	实测值/计算值 $N_{u,c}^t/N_{u,c}$
		ξ_a	ξ_{cf}					
FSC2	135×2.0×300	0.441	0.323	1	8.8	893.00	954.47	0.936
FSC3	135×2.5×298	0.551	0.323	1	8.8	1 097.00	1 022.17	1.073
FSC4	135×3.0×300	0.662	0.323	1	8.8	1 134.00	1 089.86	1.041
FSC5	135×2.0×375	0.441	0.323	1	11.2	904.00	954.47	0.947
FSC6	160×2.0×450	0.372	0.273	1	11.2	1 102.00	1 237.73	0.890
FSC1（2）	110×2.0×296	0.541	0.794	2	10.8	800.00	866.20	0.924
FSC2（2）	135×2.0×300	0.441	0.647	2	8.8	1 001.00	1 152.93	0.868
FSC3（2）	135×2.5×298	0.551	0.647	2	8.8	1 174.00	1 220.62	0.962
FSC4（2）	135×3.0×300	0.662	0.647	2	8.8	1 310.00	1 288.32	1.017
FLS1	139×2.0×510	0.440	0.314	1	14.7	840.00	978.69	0.858
FLS2	139×2.0×621	0.440	0.314	1	17.9	809.00	878.03	0.921
FLS3	139×2.0×943	0.440	0.314	1	27.1	710.00	733.08	0.969
FLS4	139×2.0×1 254	0.440	0.314	1	36.1	690.39	648.84	1.064
FLS5	139×2.0×1 575	0.440	0.314	1	45.3	620.14	580.15	1.069
FLS1（2）	139×2.0×506	0.440	0.628	2	14.6	899.00	1 177.66	0.763
FLS2（2）	139×2.0×1 257	0.440	0.628	2	36.1	718.00	779.90	0.921

表中 17 个 CFRP 外包钢管珊瑚混凝土柱轴压极限承载力实测值 $N_{u,c}^t$ 与理论值 $N_{u,c}$ 的比值介于 0.763~1.073，对数据进一步分析，得到其均值为 0.949 54，标准差为 0.083 84，变异系数为 0.007。

不难看出，不论是 CFRP 外包钢管珊瑚混凝土短柱（试件（FSC1~FSC6）、中长柱（FLS1~FLS5），还是外包 CFRP 布 2 层的柱（试件 FSC1（2）~FSC4（2）和 FLS1（2）及 FLS2（2）），其试验结果与理论计算结果吻合程度较好，证明了计算理论的正确性。

8.3.2　高套箍强度条件的理论公式一致性验证

在 CFRP 钢管珊瑚混凝土柱的轴压承载极限状态下，当钢管套箍系数较高时（即 $\xi_a > 1.235$），核心珊瑚混凝土处于高侧压状态，此时柱的极限承载力计算所采用的轴压短柱计算条件与低侧压时有所不同。6.2.3 小节关于短柱轴压的计算解析认为，此时的侧压系数不应按常数取值，而是与核心混凝土侧压应力是非线性函数关系，其短柱轴压极限承载力按式（8.31）进行极值求导，再代入极值点，即式（8.32），得到其承载力计算结果。同时，考虑到按上述计算过程计算过于复杂，不便于指导工程应用，故提出简化公式（8.34）进行计算。为验证以上两种计算方法的一致性，考虑采用假定算例进行求解并分析比较，具体验证结果见表 8.3。

表 8.3　CFRP 钢管珊瑚混凝土短柱轴压极限承载力计算值比较(ξ_a>1.235)

试件编号	构件尺寸 $D \times t \times L$/ (mm × mm × mm)	套箍系数		CFRP 层数	CFRP 强度 f_{cf}/ MPa	钢材强度 f_a/ MPa	珊瑚混凝土轴压强度 $f_{c,c}$/ MPa	函数极值点变量 $\sigma_r^*/f_{c,c}$	实际求导计算值 $N_{0,c}$/ kN	简化公式计算值 $N_{0,c}^*$/ kN	实际/简化 $N_{0,c}/N_{0,c}^*$
		ξ_a	ξ_{cf}								
FC1	$100 \times 4.0 \times 400$	1.300	0.472	1	3 400	260	32.0	0.711	1 020.51	1 047.27	0.974
FC2	$120 \times 6.0 \times 400$	1.625	0.393	1	3 400	260	32.0	0.885	1 585.11	1 650.16	0.961
FC3	$150 \times 10.0 \times 400$	1.981	0.288	1	3 400	260	35.0	1.074	2 906.67	3 061.74	0.949
FC4	$180 \times 10.0 \times 400$	1.651	0.240	1	3 400	260	35.0	0.901	3 742.52	3 922.23	0.954
FC5	$110 \times 6.0 \times 400$	2.182	0.762	2	3 400	360	36.0	1.172	1 917.59	1 998.51	0.960
FC6	$130 \times 8.0 \times 400$	2.462	0.645	2	3 400	360	36.0	1.320	2 771.59	2 911.32	0.952
FC7	$160 \times 10.0 \times 400$	2.368	0.497	2	3 400	360	38.0	1.273	4 186.36	4 410.32	0.949
FC8	$190 \times 10.0 \times 400$	1.994	0.418	2	3 400	360	38.0	1.079	5 270.24	5 532.65	0.953

　　对表 8.3 的实际求导计算值与简化公式计算值的比值进行数据分析,分别得到均值为 0.957,均方差为 0.008 4,变异系数为 0.000 07,说明采用式(8.31)、式(8.32)和简化公式(8.34)进行 CFRP 外包钢珊瑚混凝土柱的轴压极限承载力计算,两类计算公式具有高度的一致性;同时也验证了书中对高强套箍条件下, CFRP 钢管珊瑚混凝土短柱轴压极限承载力计算在理论逻辑解析过程方面具有正确性。

　　由于试验条件所限,对高强套箍作用下(即 ξ_a>1.235)的 CFRP 外包钢珊瑚混凝土短柱轴压承载力计算方法不作试验值与理论值的对比,关于对其计算公式可靠性的验证,可在下一章节中利用有限元解析的方法作进一步的对比分析和讨论。

8.4　本章小结

　　本章对圆形截面 CFRP 外包钢管珊瑚混凝土轴压构件极限承载力的计算进行了理论研究解析,主要包括以下三方面的理论研究:一是进行了 CFRP 外包钢管珊瑚混凝土柱的轴压受力状态分析,解析得到了短柱轴压构件在不同套箍强度条件的极限承载强度计算表达式;二是以试验现象与测试数据为依据,拟合得到了对影响中长柱轴压承载力的长细比折减系数 φ_c 的取值条件;三是以 CFRP 外包钢管珊瑚混凝土短柱轴压极限承载理论为基础,结合长细比影响条件,解析提出了圆形截面 CFRP 外包钢管珊瑚混凝土轴压构件的极限承载强度计算理论。

　　本章分析阐述内容为全书研究的理论目标,为校核验证本章提出的 CFRP 外包钢管珊瑚混凝土轴压构件极限承载力计算表达式以及表达式中计算条件取值的正确性,分别以短柱和中长柱试验中的试件参数为计算条件,代入计算表达式进行理论计算,通过与试验值的比较,两者的结论数据具有较好的一致性,反映理论解析过程具有较高的准确性与可靠性,提出的计算方法可为工程应用提供理论依据。

第9章　方形截面CFRP外包钢管珊瑚混凝土轴压构件承载理论研究

9.1　引言

钢与混凝土组合结构一直是建筑行业的研究热点,已有众多学者进行了大量的研究工作,形成了较为完备的理论体系,但同时由于材料领域的研究成果不断涌现,某些新型材料并不适用于现有理论体系,套用现有的计算公式计算其承载能力误差较大。因此,使用新型材料的组合结构,应基于现有的理论体系,经过一定的试验研究,对已有计算理论中的相关系数进行适当修改,推导出适用于该新型材料的简化计算公式。本章以已有普通方钢管混凝土计算理论为基础,通过CFRP方钢管珊瑚混凝土短柱轴压试验,结合矩形箍筋约束钢筋混凝土计算模型,提出CFRP方钢管珊瑚混凝土短柱轴压极限承载力的简化计算公式。

相比于赵均海的统一强度计算公式[118],王庆利的简化计算公式[79]中参数少、计算简便,表9.1为利用两种文献中计算公式进行的CFRP方钢管珊瑚混凝土短柱轴压承载力与实测CFRP方钢管珊瑚混凝土短柱轴压承载力的对比。

表 9.1　试件承载力对比

本书试验结果		赵均海公式[118]		王庆利公式[79]	
试件编号	试验承载力 N_{us}/kN	计算承载力 N_1/kN	N_{us}/N_1	计算承载力 N_2/kN	N_{us}/N_2
FSQ1	578.60	661.73	0.87	760.22	0.76
FSQ2	613.12	713.77	0.86	807.80	0.76
FSQ3	695.21	878.09	0.79	1 014.15	0.69
FSQ4	885.87	937.95	0.94	1 067.11	0.83
FSQ5	936.93	974.00	0.96	1 095.33	0.86
FSQ6	1 017.25	1 100.02	0.92	1 276.61	0.80
FSQ7	1 122.80	1 197.21	0.94	1 367.61	0.82
FSQ8	1 251.64	1 376.91	0.91	1 600.14	0.78
FSQ9	1 272.64	1 478.67	0.86	1 696.87	0.75
FSQ1（2）	605.74	713.77	0.85	807.80	0.75
FSQ2（2）	729.75	878.09	0.83	1 014.15	0.72
FSQ3（2）	939.81	937.95	1.00	1 067.11	0.88
FSQ4（2）	889.69	974.00	0.91	1 095.33	0.81

表 9.1 中 N_1 为按照王庆利[118]的计算公式计算得到的 CFRP 方钢管珊瑚混凝土短柱轴压承载力，N_2 为按照赵均海[79]的计算公式计算得到的 CFRP 方钢管珊瑚混凝土短柱轴压承载力。从表中可以发现，无论是按照赵均海公式[118]还是按照王庆利公式[79]，计算得出 CFRP 方钢管珊瑚混凝土短柱的轴压承载力都与实测 CFRP 方钢管珊瑚混凝土短柱的轴压承载力存在较大误差，并不适用于 CFRP 方钢管珊瑚混凝土。但是在 CFRP 方钢管珊瑚混凝土短柱的轴压承载力的理论分析中可以借鉴使用其理论中的部分假设和计算方法。

9.2　CFRP 方钢管珊瑚混凝土短柱理论基础

9.2.1　理论基础

将核心混凝土分为有效约束区和非有效约束区的做法和计算理论[119]，与矩形箍筋约束钢筋混凝土柱的类似。可以将方钢管混凝土结构看作钢筋混凝土结构中箍筋间距为零，并且纵筋和箍筋合二为一的一种特殊结构形式，同时参照将圆钢管混凝土和螺旋箍筋混凝土划分为同一种约束混凝土结构形式——套箍混凝土[120]，方钢管混凝土同样可与矩形箍筋约束钢筋混凝土分为一类，并可将矩形箍筋对核心混凝土的约束机理迁移运用到方钢管混凝土结构中钢管对混凝土的约束分析中。

在现代建筑工程中，钢筋混凝土结构中混凝土和钢筋的组合形成了承载力强、整体性好、刚度大、抗腐蚀、耐火和适应性广的结构而得到了广泛的应用。在钢筋混凝土结构中受力钢筋主要有两种：一种是主要承担轴力沿试件轴向设置的纵向钢筋，主要保证钢筋混凝土结构的抗拉承载力；另一种是与纵向的筋垂直配置的横向箍筋。钢筋混凝土结构中箍筋的作用主要有两方面：一方面是在绑扎钢筋笼的过程中可以固定纵筋的位置；另一方面可以约束钢筋混凝土结构内部混凝土的横向膨胀变形，从而提高混凝土的抗压承载力。箍筋的构造形式多样，有螺旋箍筋、矩形箍筋、钢管、焊接网片等。

广泛的研究和工程应用已经证明，螺旋箍筋能够明显提高钢筋混凝土结构柱的承载力，并且能大幅改善其变形性能。同样，已有的研究也已证明，矩形箍筋对核心混凝土的约束也能提高其混凝土强度。

方钢管混凝土结构与螺旋箍筋约束混凝土的破坏形态相似。

矩形箍筋的抗弯刚度小，对核心混凝土的约束力小；同时矩形箍筋的转角部刚度大、变形小，对核心混凝土在两个垂直方向的拉力将合成对角线方向的强力约束[121]，最终当变形发展至一定阶段时，便会形成图 9.1 中虚线所示的圆形变形。矩形箍筋横截面受力分析如图 9.2 所示。

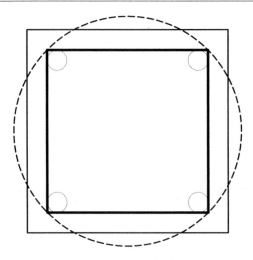

图 9.1　矩形箍筋外鼓

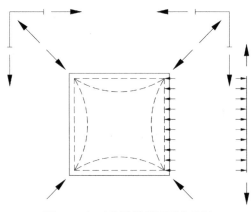

图 9.2　矩形箍筋横截面受力分析

　　基于力学分析模型建立的矩形箍筋柱中约束混凝土的本构模型已有多种,其中 Sheikh 模型是在力学分析的基础上,将矩形箍筋约束混凝土截面分为有效约束区和非有效约束区,并通过分析和试验数据回归建立了有效约束区核心混凝土抗压强度提高系数计算公式[121]。其约束混凝土模型的有效约束区和非有效约束区截面划分如图 9.3 所示,图中有效约束区和非有效约束区的分界线为抛物线,约束区界限边切角 $\lambda=45°$。

　　方形截面钢管混凝土从结构形式上可以看作取消纵筋并且箍筋间距为零,由矩形箍筋同时承担轴向压力和环向拉力两个异号应力场,并且在极限条件时服从 Von Mises 屈服准则的密布箍筋混凝土的一种特殊形式。方钢管对核心混凝土的约束机理和受力分析均可参照矩形箍筋对核心混凝土的约束。CFRP 方钢管珊瑚混凝土是在方钢管外部包裹碳纤维布,而碳纤维布的力学特点是只能承担单向的拉力,包裹在方钢管表面时只能在方钢管珊瑚混凝土发生横向膨胀变形时,被动地提供作用在方钢管角部的拉力,从而起到对核心珊瑚混凝土的约束效果。因此, CFRP 方钢管珊瑚混凝土的约束机理和受力分析也均可以参照矩形箍筋约束钢筋混凝土中矩形箍筋对核心混凝土的约束分析。

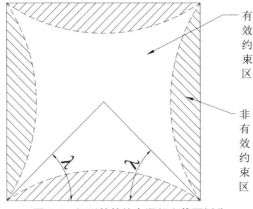

有效约束区

非有效约束区

图 9.3　矩形箍筋约束混凝土截面划分

9.2.2　基本假设

　　参照矩形箍筋约束混凝土横截面的区域划分，CFRP 方钢管珊瑚混凝土对核心珊瑚混凝土的约束也可以分为有效约束区和非有效约束区，分界线为抛物线;同时，与矩形箍筋对核心混凝土的约束相比，方钢管和外包碳纤维布的组合作用对核心混凝土的约束效果更好，方钢管角部的约束相应也更大，因此 CFRP 方钢管珊瑚混凝土的核心混凝土有效约束区的划分，在矩形箍筋对核心混凝土的有效约束区基础上，略微调整有效约束区面积。

　　珊瑚混凝土由于拌养原材料的组分差异，其物理力学性能与普通混凝土相比有所差异，因而 CFRP 方钢管珊瑚混凝土短柱承载力的计算不能采用已有的普通 CFRP 方钢管混凝土的相关简化计算公式，但是可以参照现有的普通 CFRP 方钢管混凝土计算公式的相关假设和推导方法。在其基础上，结合珊瑚混凝土的相关物理力学性能，对普通 CFRP 方钢管混凝土理论计算的相关假设进行修改，从而确定 CFRP 方钢管珊瑚混凝土短柱理论计算的相关假设。

　　综上所述，在进行 CFRP 方钢管珊瑚混凝土短柱轴压承载力理论研究和推导其短柱轴压承载力简化计算方法时，采用如下基本假设。

　　（1）为了简化推导过程，假设钢管内壁对核心珊瑚混凝土的约束力沿钢管壁均匀分布。

　　（2）假设珊瑚混凝土在等侧压力作用下，珊瑚混凝土的三向受压抗压强度 f_{cc} 与侧压力 p 之间具有线性关系，即

$$f_{cc} = f_{ck} + kp \tag{9.1}$$

式中：f_{cc} 为三向受压珊瑚混凝土轴心抗压强度，f_{ck} 为无侧压珊瑚混凝土轴心抗压强度，k 为侧压系数，p 为等侧压力。

　　（3）短柱试件在轴压荷载作用下，试件横截面在变形过程中始终为平面。

　　（4）由于碳纤维布是单向受力材料，只能承担沿碳纤维方向的拉力，所以不考虑碳纤维布对试件轴压承载力的贡献。

　　（5）假设在极限状态时，钢管服从 Von Mises 屈服条件，即

$$\sigma_1^2 + \sigma_1\sigma_2 + \sigma_2^2 = f_y^2 \tag{9.2}$$

式中：σ_1 为钢管纵向应力，σ_2 为钢管环向应力，f_y 为钢管屈服强度。

（6）仍采用矩形箍筋柱的核心混凝土的计算假设，将核心珊瑚混凝土分为有效约束区和非有效约束区，CFRP 方钢管珊瑚混凝土约束模型[122] 如图 9.4 所示。

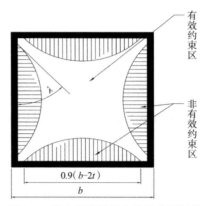

图 9.4　核心珊瑚混凝土的约束区划分

图 9.4 中，b 为方钢管边长；t 为钢管壁厚；λ 为约束界限边切角，取 $\lambda=45°$；$b-2t$ 为核心珊瑚混凝土的边长，假设核心珊瑚混凝土距角部 $0.05(b-2t)$ 范围内为有效约束区。

9.3　CFRP 方钢管珊瑚混凝土短柱承载力理论分析

通过按照 9.2 节中的相关理论分析和计算假设进行一系列推导，得出 CFRP 方钢管珊瑚混凝土短柱轴压极限承载力简化计算公式，并将计算结果和实测 CFRP 方钢管珊瑚混凝土短柱轴压极限承载力进行对比分析。

9.3.1　核心珊瑚混凝土的套箍强度

在理论分析时，将 CFRP 方钢管珊瑚混凝土短柱试件和珊瑚混凝土部分分为有效约束区和非有效约束区（图 9.4），设珊瑚混凝土非有效约束区面积为 A_1，有效约束区面积为 A_e，钢管内珊瑚混凝土总面积为 A_c，则：

$$A_1 = \frac{2}{3}\left[0.9(b-2t_1)\right]^2 \tag{9.3}$$

$$A_c = (b-2t_1)^2 \tag{9.4}$$

$$A_e = A_c - A_1 \tag{9.5}$$

定义方钢管混凝土的有效约束系数 k_{e1} 为

$$k_{e1} = \frac{A_e}{A_c} = 0.46 \tag{9.6}$$

CFRP 方钢管珊瑚混凝土短柱试件在承受轴压荷载时，会产生竖向压缩变形和横向膨胀变形，而珊瑚混凝土的横向膨胀使得珊瑚混凝土对方钢管内壁产生侧压力，而钢管为了限制珊瑚混凝土的横向膨胀变形,会对珊瑚混凝土产生径向约束力。根据假设(1),CFRP 方钢管珊瑚混凝土短柱试件在承受轴压荷载产生变形时,核心混凝土的横向膨胀变形对钢管内壁产生的侧压力是均匀的。设核心混凝土对方钢管内壁提供的均匀侧压力为 p,方钢管的环向应力为 σ_2,碳纤维布的环向应力为 σ_f,方钢管管壁厚度为 t_1,碳纤维布厚度为 t_2,碳纤维布包裹方钢管的受力简图如图 9.5 所示。

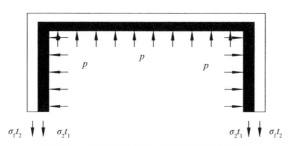

图 9.5　碳纤维布包裹方钢管的受力简图

由图 9.5 所示,对图中各部分进行受力分析,根据平衡条件可知:

$$p = \frac{2(\sigma_2 t_1 + \sigma_f t_2)}{b - 2t_1} \tag{9.7}$$

则定义碳纤维布包裹的方钢管对核心混凝土的有效侧压力 p' 为

$$p' = k_{e1} p \tag{9.8}$$

因为方钢管混凝土短柱的破坏是由钢管壁中部局部屈服引起的,而此时方钢管的四角并未屈服,参考 p' 的形式,定义试件极限状态时的有效环向应力与其屈服强度的比值为

$$k_{e2} = \frac{\sigma_2}{f_y} = 0.351 \tag{9.9}$$

式中:k_{e2} 的取值由试验实测试件达到极限承载力时钢管环向应变与屈服应变比值得到。

由式(9.7)、式(9.8)和式(9.9)可得有效侧压力 p' 为

$$p' = \frac{2k_{e1}k_{e2}f_y t_1 + 2k_{e1}\sigma_f t_2}{b - 2t_1} \tag{9.10}$$

根据假设(2),认为在等侧压力 p 作用下,珊瑚混凝土三向受压强度 f_{cc} 与侧压力 p 之间具有线性关系,有效约束区珊瑚混凝土轴心抗压强度为

$$f_{cc} = f_{ck} + kp' \tag{9.11}$$

式中:f_{cc} 为有效约束区珊瑚混凝土的轴心抗压强度;f_{ck} 为无侧压珊瑚混凝土的轴心抗压强度;k 为侧压系数,取 $k = 2.53$[123]。

9.3.2　极限承载力计算公式

根据假设(5)的式(9.2)得到方钢管在极限状态时的轴向应力 σ_1 为

$$\sigma_1 = \sqrt{f_y^2 - \frac{3}{4}\sigma_2^2} - \frac{\sigma_2}{2} \tag{9.12}$$

$$= 0.777 f_y$$

由 CFRP 方钢管珊瑚混凝土短柱截面极限状态时的静力平衡条件,按照图 9.4 得到的有效约束区和非有效约束区核心珊瑚混凝土横截面面积的大小,根据叠加原理,可知 CFRP 方钢管珊瑚混凝土轴压短柱的极限承载力应为非有效约束区珊瑚混凝土轴向承载力 $f_{ck}A_1$、有效约束区珊瑚混凝土轴向承载力 $f_{cc}A_e$ 和方钢管轴向承载力 $\sigma_1 A_s$ 三者之和,即 CFRP 方钢管珊瑚混凝土轴压短柱极限承载力为

$$N_u = f_{cc}A_e + f_{ck}A_1 + \sigma_1 A_s \tag{9.13}$$

将式(9.4)至式(9.12)代入式(9.13),可得 CFRP 方钢管珊瑚混凝土轴压短柱的极限承载力简化计算公式为

$$\begin{aligned} N_u &= f_{cc}A_e + f_{ck}A_1 + \sigma_1 A_s \\ &= (f_{ck} + kp')(A_c - A_1) + f_{ck}A_1 + \sigma_1 A_s \\ &= f_{ck}A_c + kp'A_e + \sigma_1 A_s \end{aligned} \tag{9.14}$$

由式(9.10),可得

$$\begin{aligned} p' &= \frac{2k_{e1}k_{e2}f_y t_1 + 2k_{e1}\sigma_f t_2}{b - 2t_1} = k_{e1}p \\ &= k_{e1}\left(\frac{2k_{e2}f_y t_1 + 2\sigma_f t_2}{b - 2t_1}\right) \\ &= k_{e1}\left(\frac{2(b - 2t_1)(k_{e2}f_y t_1 + \sigma_f t_2)}{A_c}\right) \\ &= k_{e1}\left(\frac{2t_1(b - 2t_1)k_{e2}f_y + 2t_2(b - 2t_1)\sigma_f t_2}{A_c}\right) \end{aligned} \tag{9.15}$$

考虑到钢管管壁比较薄,可取

$$A_s = 4t_1(b - 2t_1)$$
$$A_f = 4t_2(b - 2t_1)$$

可得

$$\begin{aligned} p' &= k_{e1}\left(\frac{A_s k_{e2}f_y + A_f \sigma_f}{2A_c}\right) \\ &= \frac{k_{e1}k_{e2}A_s f_y}{2A_c} + \frac{k_{e1}A_f \sigma_f}{2A_c} \end{aligned} \tag{9.16}$$

将式(9.16)代入式(9.14),可得

$$\begin{aligned} N_u &= f_{ck}A_c + k\left(\frac{k_{e1}k_{e2}A_s f_y}{2A_c} + \frac{k_{e1}A_f \sigma_f}{2A_c}\right)A_e + \sigma_1 A_s \\ &= f_{ck}A_c + \frac{kk_{e1}^2 k_{e2}}{2}A_s f_y + \frac{kk_{e1}^2}{2}A_f \sigma_f + 0.777 f_y A_s \\ &= f_{ck}A_c + \frac{kk_{e1}^2 k_{e2}}{2}\frac{A_s f_y}{f_{ck}A_c} + \frac{kk_{e1}^2}{2}\frac{A_f \sigma_f}{f_{ck}A_c} + 0.777\frac{f_y A_s}{f_{ck}A_c} \end{aligned} \tag{9.17}$$

根据《钢管混凝土结构技术规范》,定义钢管对核心珊瑚混凝土的套箍系数为 θ_s,外包

碳纤维布对核心珊瑚混凝土的套箍系数为 θ_f,将 θ_s 和 θ_f 代入式(9.17),可得

$$N_u = f_{ck}A_c + \frac{kk_{e1}^2 k_{e2}}{2}\theta_s + \frac{kk_{e1}^2}{2}\theta_f + 0.777\theta_s$$

$$= f_{ck}A_c + \left(\frac{kk_{e1}^2 k_{e2}}{2} + 0.777\right)\theta_s + \frac{kk_{e1}^2}{2}\theta_f \qquad (9.18)$$

将 $k_{e1}=0.46$,$k_{e2}=0.351$ 代入式(9.18),最终可得 CFRP 方钢管珊瑚混凝土短柱轴压极限承载力的简化计算公式为

$$N_u = A_e f_{ck}(1 + 0.871\theta_s + 0.268\theta_f) \qquad (9.19)$$

9.4 计算结果对比

将 CFRP 方钢管珊瑚混凝土短柱轴压试验的试件数据代入式(9.19),计算其理论承载力,并将式(9.19)的理论计算结果与试验所得数据进行对比分析,理论数据和试验数据对比情况见表 9.2。

表 9.2 试件承载力对比

试件编号	钢管套箍系数 θ_s	CFRP 套箍系数 θ_f	计算承载力 N_u/kN	试验承载力 N_{us}/kN	N_u/N_{us}
FSQ1	0.592	0.434	557.75	578.6	0.96
FSQ2	0.735	0.443	590.07	613.12	0.96
FSQ3	0.476	0.355	760.55	695.21	1.09
FSQ4	0.610	0.364	797.16	885.87	0.90
FSQ5	0.746	0.377	812.89	936.93	0.87
FSQ6	0.396	0.303	971.76	1 017.25	0.96
FSQ7	0.522	0.307	1 038.85	1 122.8	0.93
FSQ8	0.352	0.264	1 232.63	1 251.64	0.98
FSQ9	0.445	0.266	1 305.85	1 272.64	1.03
FSQ1(2)	0.735	0.443	628.91	605.74	1.04
FSQ2(2)	0.476	0.355	807.35	729.75	1.11
FSQ3(2)	0.610	0.364	843.69	939.81	0.90
FSQ4(2)	0.746	0.377	858.61	889.69	0.97

表 9.2 中,N_u 为按式(9.19)计算得到的试件极限承载力,N_{us} 为试验得到的试件极限承载力,N_u/N_{us} 为理论数据和试验数据的比值。

表 9.2 中,所有 N_u/N_{us} 值的算术平均数为 0.963,方差为 0.74。对表 9.2 数据的分析表明,通过式(9.19)计算得到的试件极限承载力与试验得到的试件极限承载力十分接近。可得结论式(9.19)可较为精确地计算 CFRP 方钢管珊瑚混凝土短柱的轴压极限承载力。从表 9.2 中可以看出,部分试件的计算极限承载力与试验极限承载力相差较大,误差最大为 13%,但是两者之间的误差普遍在 10% 以内,分析认为造成误差达到 13% 可能的原因为制作试

件过程中的人为因素造成试件内的珊瑚混凝土分布不均匀,核心珊瑚混凝土物理力学性能差异影响试件轴压试验结果。

9.5　本章小结

基于 CFRP 方钢管珊瑚混凝土短柱轴压试验的试验现象、试件破坏形态以及试验取得的试件轴压承载力和荷载应变数据,参考已有 CFRP 方钢管混凝土短柱的研究分析,关于 CFRP 方钢管珊瑚混凝土短柱计算理论可以得到如下结论。

基于统一强度理论或极限平衡法,结合 CFRP 普通方钢管混凝土短柱轴压试验,推导出的 CFRP 普通方钢管混凝土短柱计算公式并不适用于 CFRP 方钢管珊瑚混凝土短柱。其理论推导过程中的相关假设和计算方法可以运用在 CFRP 方钢管珊瑚混凝土短柱计算理论的推导过程中。

基于矩形箍筋约束钢筋混凝土柱和 CFRP 普通方钢管混凝土短柱的计算理论和分析方法,结合 CFRP 方钢管珊瑚混凝土短柱轴压试验得到的短柱试件的极限荷载和荷载变形关系,推导出 CFRP 方钢管珊瑚混凝土短柱轴压承载力简化计算公式 $N_u = A_c f_{ck} (1 + 0.871\theta_s + 0.268\theta_f)$。

将 CFRP 方钢管珊瑚混凝土短柱轴压试验的相关试件参数代入简化计算公式,计算得出其理论承载能力,与实测 CFRP 方钢管珊瑚混凝土短柱轴压极限承载力进行对比分析,验证了式(9.19)的适用性。

第 10 章　CFRP 外包钢管珊瑚混凝土柱轴压全过程非线性有限元分析

10.1　引言

相比于钢管混凝土结构，CFRP 钢管珊瑚混凝土结构之间的相互作用更加复杂，采用通常的试验手段来研究该类新型组合结构的工作机理需要花费大量的人力、物力。为了弥补试验条件的不足，并能更深入地分析 CFRP 钢管珊瑚混凝土轴压构件的工作机理，本章通过非线性有限元方法，利用 ANSYS 通用软件，对 CFRP 钢管珊瑚混凝土柱的轴压受力过程进行数值模拟，详细分析 CFRP 钢管珊瑚混凝土轴压构件在受力全过程的应力分布和应变发展规律，得到不同试件参数的极限荷载，并且将其与试验结果和理论计算结果进行对比分析，以验证数值模拟和理论解析的准确性与可靠性。

10.2　材料的本构关系

如 8.2.2 小节短柱轴压基本假定（1）所述，CFRP 钢管珊瑚混凝土柱由三部分组成：外包 CFRP 布、钢管以及核心珊瑚混凝土（图 8.4）。三者之间的相互作用关系随轴压荷载的变化而变化，CFRP 布、钢管以及珊瑚混凝土之间的相互作用比较复杂，再加上珊瑚混凝土材料自身本构关系的复杂性，使得 CFRP 钢管珊瑚混凝土本构关系的模拟较为困难。为了实现 CFRP 钢管珊瑚混凝土柱轴压过程的有限元数值模拟，分别考虑建立三维珊瑚混凝土、二维钢管、一维 CFRP 布的本构关系，在对分析结果影响较小的基础上，进行一定的非线性假定，以便于整体模型的建立和非线性计算的实现。

10.2.1　材料非线性分析假定

为方便有限元模型的建立和求解，在进行材料的非线性分析时主要考虑以下假定。

（1）根据 4.4.2 小节短柱试验数据分析中轴压荷载分别与钢管、CFRP 布的环向应变之间关系的分析研究，可假定 CFRP 布与钢管之间的黏结牢固，两者之间不发生相对滑移。

（2）认为钢管与核心珊瑚混凝土之间的相对滑移对试件的有限元分析结果的影响不大，因此进行有限元分析时，不考虑钢管与核心珊瑚混凝土之间的黏结滑移影响。

（3）认为核心珊瑚混凝土为各向同性材料，不考虑珊瑚混凝土自身收缩和徐变对分析结果的影响；认为钢管也为各向同性材料。

10.2.2　珊瑚混凝土的本构关系

如 3.2.1 小节对三向受压珊瑚混凝土工作机理的分析研究,钢管核心珊瑚混凝土的工作机理是微裂缝的发展、扩展,从而构成较大的宏观裂缝形成微柱;而后微柱断裂失稳,最终导致结构的破坏。由于三向受压珊瑚混凝土的这种工作机理决定了其工作性能的复杂性,因此对于其本构关系的建立可参考普通混凝土本构关系研究过程。目前,应用较为广泛的普通混凝土本构模型一般包括以弹塑性力学为基础的本构关系模型、内时模型、连续损伤力学模型、塑性断裂力学模型和基于数学函数法 - 曲线适度法得到的应力 - 应变关系曲线等。为建立核心珊瑚混凝土本构关系模型,可结合 CFRP 钢管珊瑚混凝土柱轴压受力特点,采用基于数学函数法得到应力应变曲线进行分析,且该类模型比较简单,参数相应较少,适合有限元法的数值模拟。

CFRP 钢管珊瑚混凝土短柱在轴压作用下,核心珊瑚混凝土处于三向受压的应力状态,与钢管混凝土相似,其应力应变关系都与核心珊瑚混凝土受到的约束效应系数有关。结合 4.4.2 小节关于 CFRP 钢管珊瑚混凝土轴压短柱极限承载破坏试验数据的分析结果,并参考相关文献研究成果,对钢管内的核心珊瑚混凝土采用如下等效应力 - 应变本构模型 [124, 125],即

$$y = \begin{cases} 2x - x^2, & x \leqslant 1 \\ \dfrac{x}{\beta(x-1)^2 + x}, & x > 1 \end{cases} \tag{10.1}$$

式中:

$$x = \frac{\varepsilon_c}{\varepsilon_{0,c}}, \; y = \frac{\sigma_c}{\sigma_{0,c}}, \sigma_{0,c} = f_{c,c} \tag{10.2}$$

$$\varepsilon_{0,c} = \varepsilon_{c,c} + 800 \times \zeta^{0.2} \times 10^{-6}, \varepsilon_{c,c} = (1\,300 + 12.5 f_{c,c}) \times 10^{-6} \tag{10.3}$$

$$\zeta = \zeta_a + \zeta_{cf}, \; \beta = (2.36 \times 10^{-5})^{\left[0.25 + (\zeta - 0.5)^7\right]} \times f_{c,c}^{0.5} \times 0.5 \geqslant 0.12 \tag{10.4}$$

其关系曲线如图 10.1 所示。

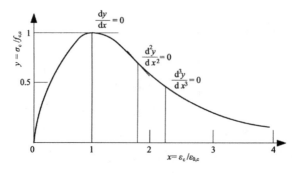

图 10.1　核心混凝土应力应变本构关系曲线

10.2.3 钢管的本构关系

在理论分析中,钢材的本构模型主要包括双斜线模型、双直线模型、三折线模型和双斜线加曲线模型。针对 4.3 和 5.3 节短柱和中长柱轴压试验,钢管采用屈服强度等级 235 MPa 的热轧钢板加工成型,钢材属于常用的低碳软钢。为了便于有限元分析模拟,并结合 3.3.2 小节关于钢管材料的拉伸试验测试分析,对钢管的本构模型采用双直线模型。如图 10.2 所示,假定钢材达到屈服强度之后应力不再增长,而应变迅速增长,应力应变关系由斜线变为直线段。此时,混凝土迅速发生膨胀,与钢材之间的相互作用逐渐增强,结构的变形出现强化段。

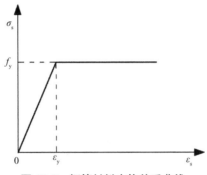

图 10.2　钢管材料本构关系曲线

理论分析中钢材均采用理想的线弹性模型,服从 Van Mises 屈服准则,其等效应力的表达式为

$$\sigma_s = \sqrt{\frac{1}{2}\left[(\sigma_1 - \sigma_2)^2 + (\sigma_2 - \sigma_3)^2 + (\sigma_3 - \sigma_1)^2\right]} \qquad (10.5)$$

式中:σ_1、σ_2、σ_3 分别为钢材三个方向的主应力。

如图 10.3 所示,在三维坐标系中的 Von Mises 屈服面是一个圆柱面;在二维坐标轴中的屈服面为椭圆面。弹性应力状态位于屈服面内,在屈服面外的应力状态都有可能使材料屈服。

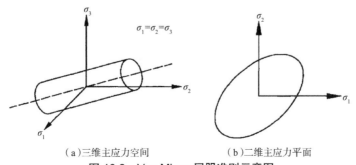

（a）三维主应力空间　　　　　　（b）二维主应力平面
图 10.3　Von Mises 屈服准则示意图

10.2.4　CFRP 的本构关系

由于碳纤维布非常薄,可当作薄膜进行处理,即仅沿着纤维方向受力。认为在试验过程中仅碳纤维布仅环向受拉,竖向不受力。其本构模型采用线弹性模型,认为在达到其极限强度之前,强度关系满足胡克定律。碳纤维布的极限抗拉强度为 3 245 MPa,受拉弹性模量为 2.24×10^5 MPa。CFRP 材料本构关系曲线如图 10.4 所示。

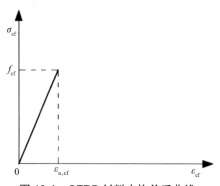

图 10.4　CFRP 材料本构关系曲线

10.3　圆形截面 CFRP 外包钢管珊瑚混凝土有限元分析

10.3.1　单元的选取

1. 珊瑚混凝土单元选取

参考在 ANSYS 有限元分析中通常利用 Solid65 单元进行混凝土单元模拟,珊瑚混凝土单元也选取 Solid65 单元进行模拟。该单元具有 8 个节点,每个节点有 3 个自由度。Solid65 单元对材料非线性分析效果较好,可以模拟材料在 3 个正交方向的开裂、压碎、塑性变形和徐变;除此之外,还可以模拟钢筋的拉伸、压缩、塑性变形及蠕变,但不能模拟钢筋的剪切性能。该单元的几何形状、节点位置、坐标系如图 10.5 所示。

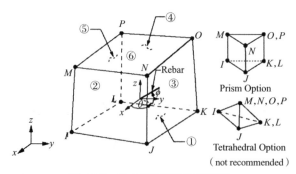

图 10.5　Solid65 单元几何描述

2. 钢材

利用 ANSYS 通用软件进行有限元分析中,钢管材料采用 Solid45 单元模拟。Solid45 单元常被用于构造实体结构,该单元通过 8 个节点来定义,每个节点有 3 个沿 x,y,z 方向平移的自由度。该单元具有蠕变膨胀、塑性、应力强化、大变形和大应变能力。该单元的几何形状、节点位置、坐标系如图 10.6 所示。

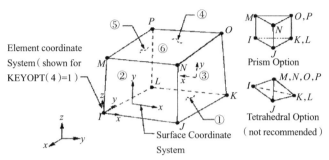

图 10.6　Solid45 单元几何描述

3. CFRP 布

CFRP 布采用 Shell41 单元模拟。Shell41 单元为三维单元,具有壳体结构特有的特性,即平面内具有膜强度,但平面外没有弯曲强度。该单元在每个节点有 3 个自由度,可沿 x、y、z 轴方向移动。该单元具有厚度、应变强度、变形偏差和材料属性的选择。该单元的几何形状、节点位置、坐标系如图 10.7 所示。

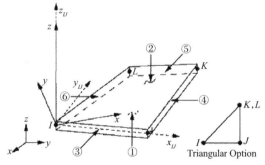

图 10.7　Shell41 单元几何描述

10.3.2　模型建立与网格划分

利用 ANSYS 通用软件进行有限元数值模拟分析时,模型单元网格的划分与非线性计算的求解收敛有一定关系,对于圆截面 CFRP 布外包的钢管珊瑚混凝土柱,为使圆截面上网格划分均匀且便于网格单元大小的控制,采用自下而上的建模方式。定义关键点绘制出圆截面,对圆截面进行划分,再将面拉伸为实体。经反复试算分析,网格边长大小取 15~20 mm 为宜,且建模时不考虑 CFRP 布与钢管、钢管与核心珊瑚混凝土之间的黏结滑移,对节点进行合并压缩编号。CFRP 钢管珊瑚混凝土柱的有限元模型网格划分如图 10.8 所示。

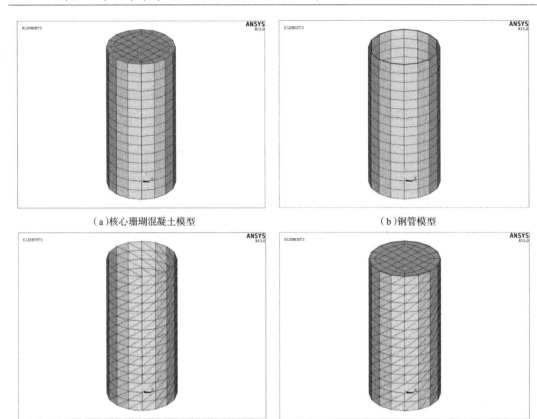

（a）核心珊瑚混凝土模型　　　　　　　　　　　（b）钢管模型

（c）CFRP 布模型　　　　　　　　　　　　（d）CFRP 钢管珊瑚混凝土柱模型

图 10.8　CFRP 钢管珊瑚混凝土柱有限元模型网格划分

10.3.3　破坏准则与参数确定

利用 ANSYS 软件建立 CFRP 钢管珊瑚混凝土有限元模型时,珊瑚混凝土、钢管和 CFRP 布的相关参数按 4.3.1 小节相关试验材料的测试结果设置模型参数,具体见表 10.1。

表 10.1　CFRP 钢管珊瑚混凝土柱有限元模型参数

材料	弹性模量 $E/(\times 10^3 \text{ MPa})$	泊松比 μ	强度 f/MPa
珊瑚混凝土	33.92	0.27	30.98
钢管	219.63	0.28	252.35
CFRP 布	224.00	0.28	3 245.00

珊瑚混凝土采用 Solid65 单元模拟,该单元描述材料的破坏、开裂准则采用 Willam-Warnke 模型。在古典强度理论中,对于混凝土在不同受力状态下有不同的破坏准则假定,针对单轴向受压状态,有 Saenz 和 Honghested 表达式描述其破坏假定;针对双向受力状态,有修正 Mohr-Coulomb 准则、多折线公式、双参数公式和 Kupher 公式等进行描述;针对三向受压状态,有 Rankine 最大正应力准则、Tresca 最大剪应力强度准则、Von Mises 强度理

论、Mohr-Coulomb 强度理论以及 Drucker-Prager 强度准则进行描述。但受到古典强度理论中材料参数单一的限制,难以反映混凝土破坏曲面特征,所以为能准确分析研究混凝土的开裂性能,需要利用多参数的混凝土破坏准则模型。ANSYS 中 Solid65 单元采用的 Willam-Warnker 破坏准则为五参数模型,可以较好地模拟类似混凝土塑性材料的开裂和压碎。在具体输入混凝土的应力应变关系时,采用 MISO 模型,利用数据表来确定珊瑚混凝土具体的应力－应变关系曲线。

10.3.4　求解收敛控制

1. 边界条件和加载方法

将模拟钢管珊瑚混凝土短柱模型底端固支、上端自由。为了得到试件的位移荷载曲线,采用位移控制进行加载。

2. 混凝土压碎设置

在混凝土的参数设置中,将混凝土开裂缝张开剪力传递系数设置为 0.5,缝闭合剪力传递系数设置为 1.0,拉应力折减系数取 0.9,单轴抗压强度功能键值取 -1[126]。

3. 非线性选项

分析选项中采用大变形静态分析,共分为 200 子步,每次最大迭代次数是 20,并根据计算得到的结果作出相应的调整。打开自动时间步长,输出每一步的计算结果。

4. 方程组求解控制

非线性分析过程中,非线性方程组的求解采用牛顿拉普森迭代方法,通过残余力的二范数和残余位移控制收敛,收敛容差设为 0.005。

10.3.5　数值模拟结果

1. 截面应力分析

图 10.9 给出了试件 FSC2(外包一层 CFRP 布)在极限破坏条件下的数值模拟应力云图。在极限破坏状态下,珊瑚混凝土的截面应力呈现出由外向内逐渐减小的趋势,外围珊瑚混凝土的轴向应力要大于内部珊瑚混凝土的应力。图 10.10 为试件 FSC2(2)的模拟破坏云图,当 CFRP 布层数增加时(FSC2(2)试件外包 2 层 CFRP 布),在极限破坏状态下珊瑚混凝土的轴向应力增大。图 10.11 为 FSC2 试件模拟极限破坏时钢管的等效应力云图,从图中可以发现此时钢管基本全部达到屈服强度,而且从应力分布的情况可以认为钢管中部先达到屈服,然后向试件两端扩张。图 10.12 为 FSC2 试件模拟破坏时 CFRP 布的环向应力云图,从图中可以发现 CFRP 布的环向应力从两端到中间逐渐递增,并且只有部分荷载达到其极限抗拉强度,中间的碳纤维先断裂,与试验过程中观察到的大部分试件表现出的现象基本一致,钢管中部先发生鼓曲现象,破坏时试件中部的 CFRP 布断裂剥离。

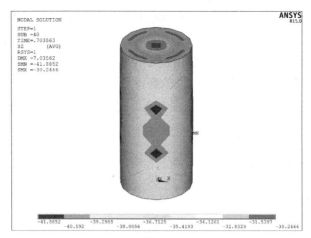

图 10.9　FSC2 柱混凝土轴向应力云图

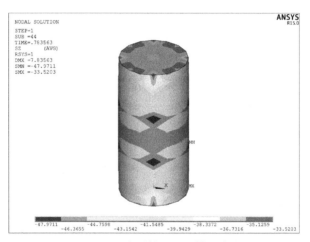

图 10.10　FSC2(2)柱混凝土轴向应力云图

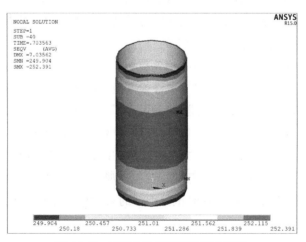

图 10.11　FSC2 柱钢管等效应力云图

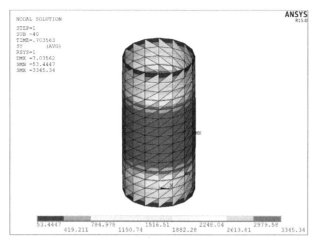

图 10.12　FSC2 柱碳纤维环向应力云图

2. 荷载－应变关系比较分析

如图 10.13 至图 10.18 所示,反映了 FSC1、FSC2 和 FSC4 三个试件的有限元数值模拟结果与试验结果中荷载－应变曲线的对比分析,其中数值模拟钢管的纵向应变取自柱中钢管截面处单元的平均纵向应变,环向应变取自柱中钢管截面处单元的平均环向应变。在试验过程中,由于当试件进入塑性强化阶段后,钢管存在鼓突和屈曲破坏,钢管应变数据精度降低。因此,重点对试件在弹性和弹塑性阶段进行对比分析。数值模拟的荷载应变曲线与试验荷载应变曲线有相同的变化趋势,即加载初始阶段曲线基本呈线性变化,随着荷载的增加,曲线变得平缓,且模拟结果与试验测试数据在弹性阶段较吻合,极限破坏时的极限荷载相差不大。在极限荷载的 80% 左右,曲线突然变得平缓,此时试件出现鼓曲现象,钢管的环向和纵向应变在较小的荷载范围变化内有较大的增长,与试验现象基本一致。

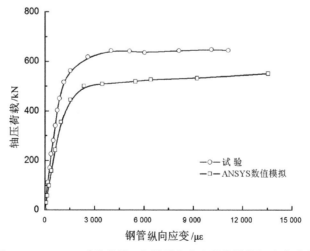

图 10.13　FSC1 试件荷载－钢管纵向应变数值模拟与试验对比

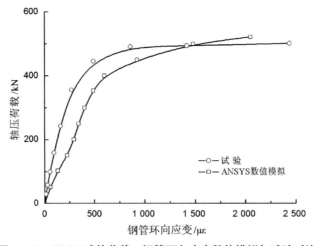

图 10.14　FSC1 试件荷载－钢管环向应变数值模拟与试验对比

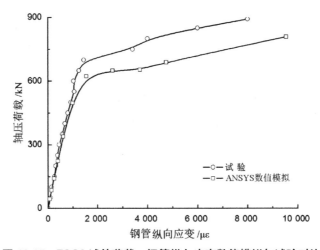

图 10.15　FSC2 试件荷载－钢管纵向应变数值模拟与试验对比

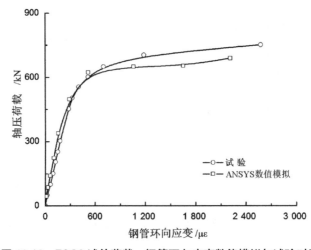

图 10.16　FSC2 试件荷载－钢管环向应变数值模拟与试验对比

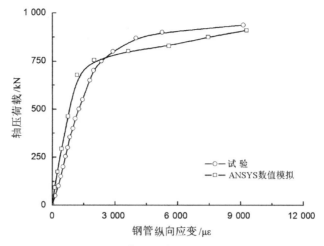

图 10.17　FSC4 试件荷载－钢管纵向应变数值模拟与试验对比

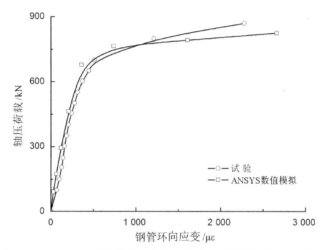

图 10.18　FSC4 试件荷载－钢管环向应变数值模拟与试验对比

3. 极限承载力数值模拟比较分析

通过有限元模型对 4.3 节轴压试验中的试件进行非线性分析计算,取 CFRP 环向应力达到其极限抗拉强度时试件的荷载作为极限荷载,得到不同试件的极限承载力,并分别和试验结果以及理论计算结果进行对比,见表 10.2。

从表 10.2 关于 CFRP 钢管珊瑚混凝土柱极限承载力的数值模拟结果比较中可看出,试验实测值 $N_{u,c}^t$ 与数值模拟值 $N_{u,c}^s$ 的比值介于 1.042~1.248,对数据进一步分析,得到其均值为 1.164,标准差为 0.061 2,变异系数为 0.003 74;理论计算值 $N_{u,c}$ 与数值模拟值 $N_{u,c}^s$ 的比值介于 1.143~1.294,其均值为 1.218,标准差为 0.053 71,变异系数为 0.002 88。

对数据进行比较分析认为,其数值模拟结果与试验实测、理论解析的结果有较好的一致性,证明了有限元模拟分析的可靠性。同时,数值比较中存在的一致性偏差,也客观反映了数值模拟过程与实际试验及理论分析间存在误差,这主要是由于非线性有限元分析是以材料的本构关系作为基础,通过非线性方程对结构的力学性能进行非线性计算。其中,材料的本构方程均为简化的理想模型,忽略了现实中的缺陷问题,因此对试件受力状态的过程模拟在数值上会有一定的差距。

通过表 10.2 中以试验试件参数为对象进行有限元分析模拟,并将数值模拟结果与试验值和理论值分别进行比较,结果具有一致性,验证了有限元数值模拟分析具有一定的可靠性。由此,可利用有限元模型进一步对 8.2.3 小节中关于钢管套箍系数 $\xi_a > 1.235$ 时,高套箍强度条件下的 CFRP 钢管珊瑚混凝土轴压构件的理论公式进行比较分析。

表 10.2　CFRP 钢管珊瑚混凝土柱极限承载力的数值模拟结果比较

试件编号	试验实测值 $N_{u,c}^t$ /kN	理论计算值 $N_{u,c}$ /kN	数值模拟值 $N_{u,c}^s$ /kN	结果比值	
				试验 / 数值 $N_{u,c}^t/N_{u,c}^s$	理论 / 数值 $N_{u,c}/N_{u,c}^s$
FSC1	648.00	704.50	572.23	1.132	1.231
FSC2	893.00	954.47	779.26	1.146	1.225
FSC3	1 097.00	1 022.17	894.38	1.227	1.143
FSC4	1 134.00	1 089.86	950.04	1.194	1.147
FSC5	904.00	954.47	798.01	1.133	1.196
FSC6	1 102.00	1 237.73	1 057.30	1.042	1.171
FSC1（2）	800.00	866.20	669.40	1.195	1.294
FSC2（2）	1 001.00	1 152.93	894.21	1.119	1.289
FSC3（2）	1 171.00	1 220.62	972.28	1.204	1.255
FSC4（2）	1 310.00	1 288.32	1 049.32	1.248	1.228

如表 10.3 所示,假定有如下 CFRP 钢管珊瑚混凝土短柱,除 FS1 柱外,其余钢管套箍系数均大于 1.235,按假定构件的参数分别进行有限元数值模拟和理论计算求解其极限承载力。其中,对 FS1 柱采用式（8.21）计算求解,对 FS2~FS5 柱（钢管套箍系数 $\xi_a > 1.235$）分别按极值条件式（8.31）和式（8.32）求解实际的计算值以及采用简化公式（8.34）求解简化计算值,并与数值模拟结果进行比较分析。

通过对表 10.3 的计算结果进行比较分析认为:首先,对 FS1 柱的数值模拟和理论计算结果进行比较,其比值与表 10.2 中的结果比值具有一致性,反映有限元模型能够较好地模拟钢管套箍系数较小（$\xi_a \leqslant 1.235$）的短柱轴压受力过程;其次,通过对极值求导计算结果与采用简化公式计算结果的比较,其比值的均值为 0.962,均方差为 0.006 6,变异系数为 0.445×10^{-4}。数据分析表明了采用极值求导的计算方法与采用简化公式求解,两种计算结果具有非常好的一致性;另外,对 FS2~FS5 柱的数值模拟与理论计算结果进行比较后,发现比值结果具有较大的偏差。分析原因认为,采用的有限元模型没有考虑在较高的钢管套箍系数条件下,即高侧压条件下,钢管与外包 CFRP 布对核心珊瑚混凝土强度具有更高的套箍增强效果,而正是采用了式（8.31）和式（8.32）,按极值条件进行求导计算,才能考虑到在高侧压条件下,其核心混凝土套箍强度与侧压应力间不再保持线性关系的实际情况,而有限元模型是建立在低侧压条件(即低套箍强度条件)的约束珊瑚混凝土本构关系基础上的。因此,实际求解结果应当要比数值模拟的结果高。

表 10.3　高套箍条件下的 CFRP 钢管珊瑚混凝土柱轴压极限承载力数值模拟与理论值比较

试件编号	构件尺寸 $D \times t \times L$ /(mm×m-m×mm)	套箍系数		钢材强度 f_a/ MPa	珊瑚混凝土轴压强度 $f_{c,c}$/ MPa	数值模拟值 $N_{u,c}^s$/kN	理论实际计算值 $N_{u,c}$/kN	理论简化计算值 $N_{u,c}^*$/kN	结果比较	
		ξ_a	ξ_{cf}						理论实际/数值模拟 $N_{u,c}/N_{u,c}^s$	理论实际/理论简化 $N_{u,c}/N_{u,c}^*$
FS1	100×4.0×320	1.189	0.425	252.0	33.92	664.28	810.14	—	1.220	—
FS2	100×5.0×320	1.486	0.425	252.0	33.92	754.38	1 136.79	1 169.72	1.507	0.972
FS3	100×6.0×320	1.783	0.425	252.0	33.92	833.00	1 233.59	1 287.79	1.481	0.958
FS4	120×4.0×360	1.399	0.354	356.0	33.92	1 035.65	1 542.34	1 599.73	1.489	0.964
FS5	120×5.0×360	1.749	0.354	356.0	33.92	1 210.66	1 720.70	1 800.93	1.421	0.955
FS6	120×5.0×360	1.749	0.708	356.0	33.92	1 304.56	1 908.12	1 972.70	1.463	0.967
FS7	150×6.0×360	1.679	0.566	356.0	33.92	1 940.90	2 810.55	2 912.83	1.448	0.965
FS8	150×8.0×360	2.239	0.566	356.0	33.92	2 320.30	3 244.03	3 402.07	1.398	0.954

10.4　方形截面 CFRP 外包钢管珊瑚混凝土有限元分析

CFRP 方钢管珊瑚混凝土组合结构是由 3 种不同的结构材料组合而成的,且 3 种材料在组合结构中发挥的作用也不同,核心珊瑚混凝土主要承担轴压荷载,钢管的主要作用是约束核心珊瑚混凝土的横向变形,同时也能承担一定轴压荷载,而外包 CFRP 则只能承担环向拉应力,只能发挥约束钢管横向变形的作用,此外 3 种结构材料的横截面尺寸也相差巨大。综合考虑构成 CFRP 方钢管珊瑚混凝土组合结构的 3 种材料的力学表现和尺寸差异,在使用 ANSYS 软件进行非线性有限元分析时,对 3 种材料应选用 3 种不同的单元形式进行网格划分,并结合现有的 CFRP 方钢管珊瑚混凝土短柱轴压试验现象,对 3 种材料之间的相互作用进行简化处理,以简化非线性有限元分析的分析过程,同时保证分析过程的收敛性。

10.4.1　几何模型

在进行非线性有限元分析时,选用结构分析常用的钢筋混凝土单元 Solid65 来模拟核心珊瑚混凝土,Solid65 单元可以模拟混凝土的开裂、压碎、塑性应变和徐变,满足 CFRP 方钢管珊瑚混凝土轴压短柱非线性有限元分析的基本要求。在实际工程中,要求拌和混凝土粗骨料颗粒级配良好,通常情况下粗骨料的最大粒径达到 30 mm 以上,而本试验中拌和珊瑚混凝土的粗骨料最大粒径为 20 mm,因此在采用 Solid65 单元模拟珊瑚混凝土进行非线性有限元分析进行网格划分时,网格尺寸不应太小,否则有限元分析计算不易收敛。此外,在进行网格划分时,还应保证划分后网格尽可能接近正六面体,避免异形体网格的出现而导致计算不收敛。核心珊瑚混凝土模型如图 10.19 所示。

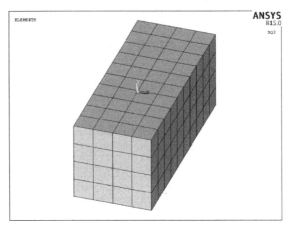

图 10.19　核心珊瑚混凝土模型

在 CFRP 方钢管珊瑚混凝土组合结构中,方钢管同时承受轴向压力、径向压力和环向拉力,处于三向受力状态,因此即使钢管壁厚与试件尺寸相比差距较大,模拟钢管时仍不应使用 Shell 单元,所以在模拟钢管时使用三维结构实体单元 Solid45,同样在网格划分时应尽可能保证单元网格为正六面体,避免异形体出现,因此在划分网格时将以钢管壁厚为边长,将钢管的网格全部划分为正六面体。方钢管模型如图 10.20 所示。

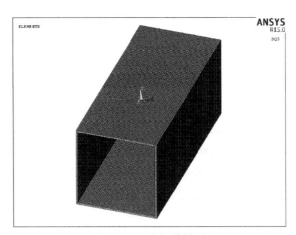

图 10.20　方钢管模型

外包 CFRP 在 CFRP 方钢管珊瑚混凝土组合结构中只能承担环向拉应力,处于单向应力状态,在有限元分析时可按膜进行处理分析,因此选用 Shell41 单元来模拟 CFRP,在建模时考虑到结构可能出现大变形,将模拟 CFRP 的 Shell41 单元划分为二维三角形单元。外包 CFRP 模型如图 10.21 所示。

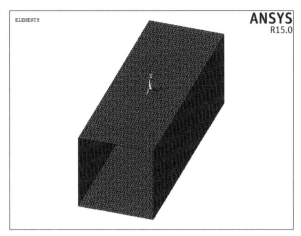

图 10.21　外包 CFRP 模型

在非线性有限元分析过程中，3 种材料之间的相互关系至关重要，如处理不好极易导致计算不收敛，是分析过程的一个技术难点。结合试验现象，方钢管和核心混凝土之间具有一定的黏结滑移，因此在建模时应考虑两者之间的相对作用，使用 Targe170 单元和 Conta173 单元来模拟方钢管和核心珊瑚混凝土之间的接触。参照试验现象和试验数据分析结果可认为方钢管和外包 CFRP 是由碳纤维浸渍胶固结在一起的，它们之间没有相对滑移，建模时使外包 CFRP 单元与方钢管单元共用节点。CFRP 方钢管珊瑚混凝土短柱模型如图 10.22 所示。

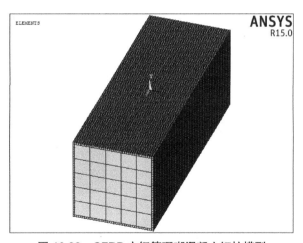

图 10.22　CFRP 方钢管珊瑚混凝土短柱模型

10.4.2　边界条件与加载过程

采用 ANSYS 软件进行结构非线性有限元分析时，模拟结构真实的受力状况，需对结构模型施加适当约束。此外，合适的约束组合也能够模拟结构不同工况下的工作状况，有利于计算的收敛。基于 CFRP 方钢管珊瑚混凝土短柱轴压试验的过程分析，建立 CFRP 方钢管珊瑚混凝土短柱模型时,将 CFRP 方钢管珊瑚混凝土短柱底端按完全固支处理,在底面施加全约束。同时,CFRP 方钢管珊瑚混凝土短柱轴压试验的加载方式为位移控制加载,为模拟真实加载状况,在顶端施加位移荷载,并约束顶面 x,y 方向的位移。

求解设置时,打开结构大变形设置,初始荷载子步设置为 400,最大迭代次数为 30,在进行不同试件的模拟计算时,将根据计算的收敛性,对荷载子步数和迭代次数进行适当调整。非线性分析的平衡迭代时还需要对收敛准则进行设置,试验分析过程将采用残余力收敛和位移收敛结合的收敛准则,ANSYS 中收敛精度默认为 0.001,模拟分析时可放宽至 0.05,以加速收敛。

10.4.3　数值模拟结果

1.典型试件变形分析

图 10.23 和图 10.24 为试件 FSQ5、FSQ4（2）模拟加载后的变形图,图中试件在承受轴向位移荷载而产生大位移变形后,试件 4 个侧面均在同一位置产生局部鼓曲,并且从俯视图中可看出 4 个面局部鼓曲后,在鼓曲部位试件横截面近似呈圆形,与 CFRP 方钢管珊瑚混凝土短柱轴压试验 4 个面最终形成的圆形鼓曲相近,进一步说明 CFRP 方钢管珊瑚混凝土的破坏形态为腰鼓型破坏。此外,从试件变形的俯视图中可清楚地看到,方钢管混凝土在轴向大变形的情况,钢管四个角部的变形极小,方钢管在对角线方向对核心混凝土形成强力约束,试件 4 个面中部的凸起部分约占边长 90%,试件各边角部的有效约束区约占边长 10%,与 6.2.3 小节中对 CFRP 方钢管珊瑚混凝土短柱轴压承载力理论的假设基本相符。图 10.25 为试件 FSQ5、FSQ4（2）的变形云图。

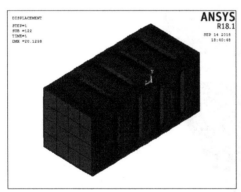 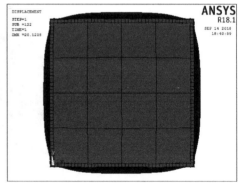

（a）轴向变形图　　　　　　　　　　　（b）变形俯视图

图 10.23　试件 FSQ5 变形

2.典型试件应力分析

1）核心珊瑚混凝土

图 10.26 和图 10.27 为试件 FSQ5 和 FSQ4（2）模拟加载后核心珊瑚混凝土在两侧压方向即 X 方向和 Y 方向的侧压力应力云图,从图中可以看到核心珊瑚混凝土在方钢管管壁中部受到的侧向压力明显小于钢管角部,珊瑚混凝土核心部位的侧压力与角部侧压力相近。能够说明 6.2.2 小节中假设（6）的正确性。

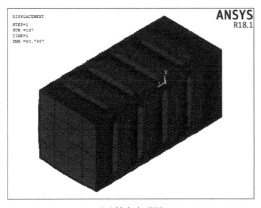
（a）轴向变形图

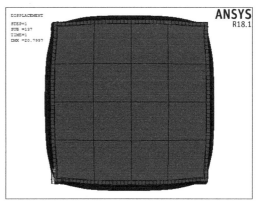
（b）变形俯视图

图 10.24　试件 FSQ4（2）变形

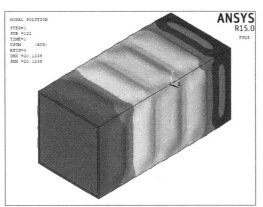
（a）试件 FSQ5

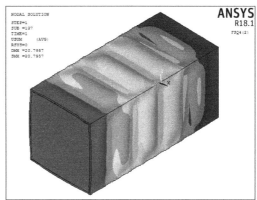
（b）试件 FSQ4（2）

图 10.25　试件变形云图

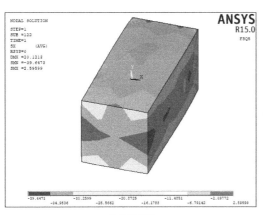
（a）X 方向

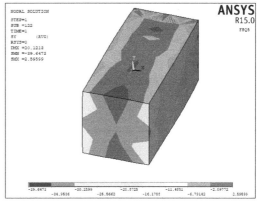
（b）Y 方向

图 10.26　FSQ5 核心珊瑚混凝土侧压力应力云图

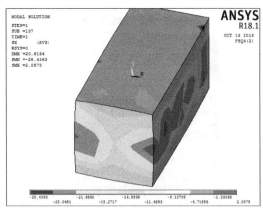
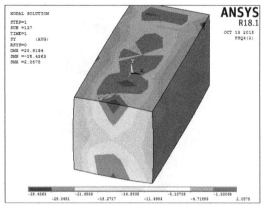

（a）X方向　　　　　　　　　　　　（b）Y方向

图10.27　FSQ4（2）核心珊瑚混凝土侧压力应力云图

2）钢管

图10.28为试件FSQ5、FSQ4（2）模拟加载后的钢管应力云图,从图中可以看出试件在方钢管角部的应力明显大于管壁中部,说明方钢管在角部应力集中,相邻两个面方钢管在角部的合力形成对核心珊瑚混凝土对角线方向的强约束作用,基本符合9.3.2小节中对外包CFRP方钢管的受力分析和9.3节中的理论分析。

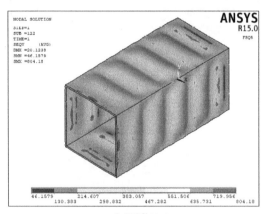

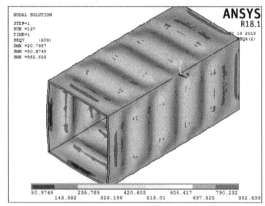

（a）试件FSQ5　　　　　　　　　　　（b）试件FSQ4（2）

图10.28　方钢管应力云图

3）碳纤维布

图10.29为试件FSQ5、FSQ4（2）模拟加载后的CFRP应力云图,从图中可以看到在试件局部凸起横截面上,外包CFRP在角部的应力明显大于其他部位,存在应力集中现象,相邻两个面CFRP在角部的合力形成对角线方向的约束作用,基本符合9.3.2小节中对外包CFRP方钢管的受力分析和9.3节中的理论分析。

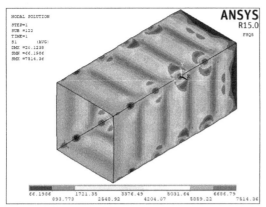
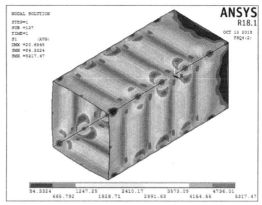

（a）试件 FSQ5　　　　　　　　　　　（b）试件 FSQ4（2）

图 10.29　CFRP 应力云图

3. 极限承载力数值模拟比较分析

以外包 CFRP 达到极限抗拉强度、CFRP 单元破坏为试件整体的破坏状态，使用 ANSYS 软件对 CFRP 方钢管珊瑚混凝土短柱轴压试件的轴压试验进行模拟，得到各试件的极限承载力。将 ANSYS 有限元模拟分析结果，同 CFRP 方钢管珊瑚混凝土短柱试验结果以及按本书的承载力简化计算公式（9.19）计算得到的试件极限承载力进行对比分析，结果见表 10.4。

表 10.4　试件承载力对比

试件编号	计算值 N_u/kN	试验值 N_{us}/kN	有限元值 N_{ua}/kN	计算值／试验值 N_u/N_{us}	计算值／有限元值 N_u/N_{ua}	试验值／有限元值 N_{us}/N_{ua}
FSQ1	557.75	578.60	531.91	0.96	1.05	1.09
FSQ2	590.07	613.12	705.35	0.96	0.84	0.87
FSQ3	760.55	695.21	751.69	1.09	1.01	0.92
FSQ4	797.16	885.87	827.05	0.90	0.96	1.07
FSQ5	812.89	936.93	945.31	0.87	0.86	0.99
FSQ6	971.76	1 017.25	989.48	0.96	0.98	1.03
FSQ7	1 038.85	1 122.80	1 046.56	0.93	0.99	1.07
FSQ8	1 232.63	1 251.64	1 230.69	0.98	1.00	1.02
FSQ9	1 305.85	1 272.64	1 319.11	1.03	0.99	0.96
FSQ1（2）	628.91	605.74	698.18	1.04	0.90	0.87
FSQ2（2）	807.35	729.75	706.25	1.11	1.14	1.03
FSQ3（2）	843.69	939.81	836.78	0.90	1.01	1.12
FSQ4（2）	858.61	889.69	966.40	0.97	0.89	0.92

表 10.4 中，N_u 为按式（9.19）计算得到的试件极限承载力，N_{us} 为通过短柱轴压试验得到

的试件极限承载力，N_{ua} 为对试件进行有限元模拟加载得到的试件极限承载力。从表 10.4 中的对比分析结果可以发现，本书中试件的 3 个承载力 N_u、N_{us}、N_{ua} 十分接近。进一步分析可发现，N_u/N_{us} 值的算术平均数为 0.963，方差为 7.35%，标准差为 0.54%，表明式（9.19）的计算承载力与试验承载力十分接近，误差较小；N_u/N_{ua} 值的算术平均数为 0.948，方差为 7.35%，标准差为 0.54%，表明式（9.19）的计算承载力与试件有限元模拟分析的极限承载力十分接近，误差较小；N_{us}/N_{ua} 值的算术平均数为 0.963，方差为 7.35%，标准差为 0.54%，表明试件的试验承载力与试件有限元模拟分析的极限承载力十分接近，误差较小。通过对计算承载力 N_u、试验承载力 N_{us}、有限元分析承载力 N_{ua} 对比分析，发现三者之间的数据差异微小，进一步证明 6.3.2 小节中得到的 CFRP 方钢管珊瑚混凝土短柱极限承载力简化计算公式（9.19）可较为精确地计算方形截面 CFRP 钢管珊瑚混凝土短柱的轴压承载力。

10.5　本章小结

本章对方形截面 CFRP 外包钢管珊瑚混凝土柱的轴心受压全过程进行了非线性数值模拟分析，主要包括 3 个方面的研究内容：一是以试验研究得到的材料强度、弹性模量以及应力应变关系为基础，确定了核心珊瑚混凝土、钢管和 CFRP 布的材料本构关系与屈服破坏准则，建立了有限元数值模型；二是通过对数值模型施加边界条件与求解收敛控制，完成了非线性有限元数值模拟运算，并与试验现象数据作对比分析，进一步对 CFRP 钢管珊瑚混凝土柱在轴压受力过程中的构件材料受力性能进行了讨论；三是以数值模拟结果分别与试验数据和理论计算数据进行比较分析，验证了数值模拟的有效性与计算理论的可靠性。

第 11 章 CFRP 钢管珊瑚混凝土短柱截面尺寸优化研究

11.1 结构优化设计的概念

11.1.1 结构优化设计目标

结构优化设计是在所有可以得到的结构设计方案中根据某种特殊的需求,通过数学方法从中选取最满足要求的方案。传统的结构设计主要是根据设计者的要求和实际经验,完成结构的类型、截面形式、材料选择和尺寸等方面的设计,再对强度、稳定性、刚度等方面进行验算以满足建筑结构设计的要求,所得到的设计结构仅仅是可行的,不一定是最优的。优化设计的结果在可行的基础上还要求具有某种"最优的"性能。

结构优化设计通过不同材料之间的合理搭配,使结构在满足基本建筑要求之余,内部的单元可以得到最合理的调配,实现结构安全性、适用性以及经济性的最终目标。结构优化设计的三部分主要内容包括目标函数、设计变量以及约束条件。其中,目标函数是指优化设计中设计者优化的最终目的,比如最稳定、最牢固、最经济等;设计变量是指结构优化设计中以变量形式参与结构优化设计的变量,常见的有材料性能、截面形式、尺寸大小等;约束条件是指结构优化设计过程中应该遵循现有的规范标准对结构几何、强度、刚度和稳定性等作出要求。因此,结构优化设计的主要研究内容为选择设计变量,确定目标函数,列出约束条件,选择最适合的方法对结构进行优化。

11.1.2 结构优化设计应用

结构优化设计从 Maxwell 理论和 Michelle 桁架出现至今已经有 100 多年的发展历史,在理论算法和实际的结构应用方面都得到了飞跃式发展。实际建筑结构相对比较复杂,在结构优化过程中往往涉及多种因素(例如荷载、环境、材料性能、几何特征、施工过程、费用等),如若考虑所有的影响因素,优化模型的建立将十分复杂。因此,必须对结构优化过程中的影响因素进行分析,忽视次要的影响因素,选取主要的影响因素,简化优化模型。因此,优化模型的效用主要取决于建立的数学模型和寻优算法,与模型中选取的设计变量、遵循的约束条件和期待的目标函数有紧密的联系,所谓的"最优的"结构设计只是相对的,是在模型目标函数和约束条件下的最优解。由于相关研究理论上的缺陷,许多的优化算法仅仅在模型性态良好时才能获得稳定的收敛解,因此大量的文章都局限于讨论连续型设计变量、单一目标和确定性问题的优化。根据设计变量的类型与层次结构,可以将优化设计大致分为以下几类。

1. 尺寸优化

尺寸优化是指在结构的类型、材料和几何尺寸既定的条件下,通过调整各个材料所占截面的比例,使得结构经济性能最佳或者结构自身质量最轻,这是在工程实际应用中最为普遍的结构优化设计形式。尺寸优化设计中常见的变量有杆的横截面面积、板的厚度、梁的惯性矩或者是复合材料中各组成材料的厚度比例。尺寸优化的研究重点在于优化模型所选择的优化算法以及敏感度分析。

2. 形状优化

相比于单纯的尺寸优化,考虑结构几何形状变化则又进入了一个较高的层次。结构形状的优化特点在于待求的设计变量是所研究问题的控制微分方程的定义区域,是可动边界的问题。形状优化主要对结构的内部以及边界形状进行研究,以提高结构的特性。

3. 拓扑优化

结构的拓扑优化是指一种根据给定的负载情况、约束条件和性能指标,在一定的范围内对材料的散布情况进行优化。结构的拓扑优化由离散结构和连续结构的拓扑优化组成。与尺寸优化以及形状优化相比,拓扑优化具有更多的变量空间和设计自由度。目前常见的对连续体的拓扑优化主要有变密度方法、均匀化方法、水平集方法以及渐进结构优化方法等。

4. 离散变量优化

离散变量优化是指结构优化设计过程中设计变量的变化不是一段区域内连续变化的函数值,而是有特殊条件的一个个离散的数值。早在 20 世纪 60 年代末和 70 年代初就有研究人员对工程结构中离散变量优化设计进行研究,经过近几十年的发展研究,连续变量的非线性优化问题得到了较大的发展。由于离散变量优化的目标函数和约束函数是不连续的,因此研究难度要高于常见的连续变量优化问题。

11.2　优化设计数学模型

综上所述可知,结构优化的数学模型主要由目标函数、设计变量以及约束条件 3 部分组成,三者构成非线性优化问题。对于 CFRP 钢管珊瑚混凝土短柱截面尺寸优化,首先要确定这 3 个方面的研究内容。

11.2.1　设计变量

常见结构优化设计变量中的参数可以分为三大类,即设计参数、性态参数和中间参数。

(1)设计参数通常由设计者主动选择,是优化设计中的自变量。

(2)性态参数是结构自身的各种性态变量,例如结构的位移、应力、强度等,根据设计参数的改变而改变。

(3)中间参数是在求解性态参数过程中生成的附加参数变量,例如求解结构单元应力的时候所需要的内力就是中间参数。

优化设计中通常用一些普遍的参数的大小来表示一个优化设计方案。例如工程中常见的参数量有结构的尺寸、长度、密度、价格等。但是针对某个具体的优化设计问题,需要对构件的基本参数进行取舍,并不是对结构的所有基本参数都采用优化的设计方法进行调整。

对于 CFRP 钢管珊瑚混凝土而言,影响其力学性能和经济性能的主要因素有材料的种类和型号、构件的截面尺寸以及外包 CFRP 布的用量。在实际工程应用中,一般对材料的型号和种类都有一定的要求,且易于选择。在建筑材料既定的情况下,CFRP 钢管珊瑚混凝土结构的优化设计更多的是针对结构的尺寸进行优化设计。因此,针对 CFRP 钢管珊瑚混凝土受压短柱,结构优化设计中以钢管的壁厚 t_s、核心珊瑚混凝土的直径 D_c 以及外包 CFRP 的层数 n 作为变量,结构的形状采用圆截面,材料的型号与 CFRP 钢管珊瑚混凝土短柱轴心受压试验中材料一致,建立结构优化设计的数学模型。在工程实际中,钢管的尺寸具有一定的规格,而非连续变化,考虑采用热轧钢板制作钢管,则近似可以将钢管的直径视为连续变量,将钢管的厚度视为一系列的离散变量,因此在结构优化设计中将钢管的壁厚 t_s 参照现有的热轧钢板的厚度进行取值。根据《热轧钢板和钢带的允许偏差》(GB/T 709—1988),热轧钢板的厚度取值(见表 11.1)为一系列的离散变量;碳纤维布的层数 n 也只能选取整数数值,也为离散变量,因此钢管的厚度以及碳纤维布的外包层数均采用集合的形式给出。

表 11.1　热轧钢板厚度取值

厚度 /mm	理论质量 /(kg/m²)	厚度 /mm	理论质量 /(kg/m²)	厚度 /mm	理论质量 /(kg/m²)
0.35	2.748	6	47.10	48	376.80
0.50	3.925	7	54.95	50	392.50
0.55	4.318	8	62.80	52	408.20
0.60	4.710	9	70.65	55	431.75
0.65	5.103	10	78.50	60	471.00
0.70	5.495	11	86.35	65	510.25
0.75	5.888	12	94.20	70	549.50
0.80	6.280	13	102.05	75	588.75
0.90	7.065	14	109.90	80	628.00
1.0	7.850	15	117.75	85	667.25
1.2	9.420	16	125.60	90	706.50
1.3	10.205	17	133.45	95	745.75
1.4	10.990	18	141.30	100	785.00
1.5	11.775	19	149.15	105	824.25
1.6	12.560	20	157.00	110	863.50
1.8	14.130	21	164.85	120	942.00
2.0	15.700	22	172.70	125	981.25
2.2	17.270	25	196.25	130	1 020.50

厚度 /mm	理论质量 /(kg/m²)	厚度 /mm	理论质量 /(kg/m²)	厚度 /mm	理论质量 /(kg/m²)
2.5	19.625	26	204.10	140	1 099.00
2.8	21.980	28	219.80	150	1 177.50
3.0	23.550	30	235.50	160	1 256.00
3.2	25.120	32	251.20	165	1 295.25
3.5	27.475	34	266.90	170	1 334.50
3.8	29.830	36	282.60	180	1 413.00
3.9	30.615	38	298.80	185	1 452.25
4.0	31.400	40	314.00	190	1 491.50
4.5	35.325	42	329.70	195	1 530.75
5	39.25	45	353.25	200	1 570.00

11.2.2　目标函数

优化设计的目的就是设计出最符合设计者意图的"最优化"设计。目标函数是由变量参数组成的函数,可以评价对一个优化设计结果的满意程度。在一般的结构优化设计中,总是要求结构的某种目标最小(例如自身质量、成本等),在某些评价指标方面(例如结构的使用寿命、耐久性、承载能力等)要求目标函数最大。在构建数学模型的时候,为了方便统一处理,通常要求将目标函数最大的问题转换成负数的形式,即将求最大值的问题变成求最小值的问题,将截面尺寸优化问题统一变为求目标函数最小的数学规划问题。

针对 CFRP 钢管珊瑚混凝土组合结构而言,该组合结构的提出主要针对于南海岛礁的实际工程应用。考虑到南海岛礁远离内陆,材料运输成本较高,CFRP、钢管与核心珊瑚混凝土三者材料之间的成本不一,在保证 CFRP 钢管珊瑚混凝土受压构件性能的基础上,如何合理分配三者材料之间的比例关系使得构件的成本最低、经济性能最优是本章研究的重点内容。考虑 CFRP 钢管珊瑚混凝土结构在岛礁工程中的实际应用情况,结构的经济性能除去结构自身的材料加工和运输成本外,日常的防腐维护以及维修成本也是结构经济性能的重要组成部分。但是由于没有对外包 CFRP 对于钢管珊瑚混凝土结构的防腐蚀效果进行明确的试验研究,其防腐效果未知,且在岛礁工程中对钢管的防护维修费用也没有明确的数据来源,因此对于 CFRP 钢管珊瑚混凝土短柱经济性能仅考虑材料的成本和运输价格,将 CFRP 钢管珊瑚混凝土短柱单位长度的价格作为目标函数,表示为

$$\min W = \sum_{i=1}^{n} \rho_i V_i \tag{11.1}$$

式中: n 代表材料的种类; ρ_i 代表每种材料单位体积的成本价格,包括材料自身的生产价格和运输价格; V_i 代表每种材料的体积。

对于 CFRP 钢管珊瑚混凝土受压短柱而言,结构的成本主要由材料自身的成本和材料的运输成本两部分组成。材料的自身成本包括珊瑚混凝土的开采制作成本、钢管自身的材

料加工成本以及外包碳纤维布的加工制作成本。由于珊瑚混凝土采用岛礁当地的珊瑚礁石作为骨料,利用海水拌养,外包碳纤维布轻质易于运输,因此不用考虑两者的运输价格,材料的运输成本仅为钢材的运输成本。

根据对南海相关施工单位的询问调查以及市场相关材料的报价,由于钢管的加工制作以及缠绕 CFRP 的人工费用并没有明确的标准,因此不采用建筑套用定额,仅考虑材料自身的成本价格:珊瑚混凝土的成本价格取 600 元 /m³;钢材的运输价格为 3 500 元 /m³,钢管的价格根据中钢网采用建材市场热轧钢板的价格换算得到自身的成本价格为 24 000 元 /m³,如图 11.1 所示;外包碳纤维布的价格根据表 1.1 定为 70 元 /m²,单层 CFRP 厚度取 0.111 mm。由于钢管的壁厚 t_s 与直径相比较小,将 $(D_c+t_s)\approx D_c$,则 CFRP 钢管珊瑚混凝土短柱的目标函数可简化为

$$W=(1\,500_c^2+27\,500\pi D_c t_s+70\,000n\pi D_c)/1\,000\,000 \tag{11.2}$$

式中: D_c 为核心珊瑚混凝土的直径; t_s 为钢管的壁厚; n 为外包 CFRP 的层数, n 只能取单个的整数值。其中尺寸的单位为 mm,价格的单位为元。

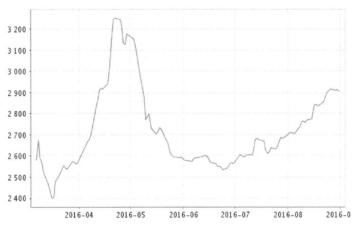

图 11.1　全国热轧钢卷价格趋势图(每吨)

11.2.3　约束条件

进行结构优化设计时必须遵循设计人员的要求和现有建筑规范和标准的要求。因此,设计方案中结构的优化设计必须符合结构对某种性态变量,例如强度、应力、自振频率等条件的限制,这些均是由设计变量决定的。将对设计变量的要求视为优化设计过程中的约束条件。

对于 CFRP 钢管珊瑚混凝土受压短柱而言,在以经济最优为目标函数的情况下,必须对构件的强度和构造进行一定的约束。

1. 轴压承载力要求

经济最优的结构优化设计方案必须保证优化后的构件与原结构相比,其力学性能不能有所下降,优化设计的构件承载力大于或等于试验中试件的承载力,优化设计的试件承载力

根据 CFRP 钢管珊瑚混凝土短柱极限承载力公式计算简化后应满足：

$$N_0 = 26.63 \times D_c^2 (1 + \frac{35.56 t_s}{D_c} + \frac{50.76n}{D_c}) \geqslant N_u \tag{11.3}$$

式中：N_u 为试验构件优化前的计算极限荷载。

2. 构造要求

根据相关标准要求，钢管截面套箍系数宜为 $0.5 \leqslant \xi_s \leqslant 2.0$，圆截面钢管的直径与壁厚的比值区间应为 $20 \sim 135\sqrt{235/f_y}$，即

$$0.5 \leqslant \frac{4t_s}{D_c} \times \frac{252.35}{33.92} \leqslant 2.0 \tag{11.4}$$

$$20 \leqslant \frac{D_c}{t_s} \leqslant 135 \times \sqrt{\frac{235}{252.35}} \tag{11.5}$$

11.3 基于混合算法的优化设计

11.3.1 遗传算法

遗传算法（Genetic Algorithms，GA）起源于 20 世纪 70 年代初，由 John Holland 教授提出后，经过大量学者的研究分析，得到了发展、普及和推广。

遗传算法的基本思想是从一个种群开始（该种群表示问题可能存在的解，由一定数目的个体组成），按照大自然优胜劣汰的原则，逐代进化产生越来越符合目标函数的近似解。

标准遗传算法（Simple Genetic Algorithms，SGA）的基本步骤是通过对选定的初始解进行不断的迭代进化和变异改进，直至搜索到最优解，其基本流程如图 11.2 所示。

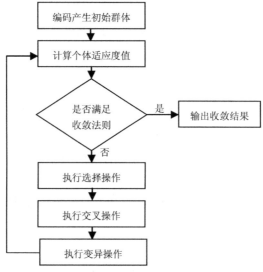

图 11.2　标准遗传算法（SGA）流程图

遗传算法主要由以下几个要素构成。

1. 参数编码

参数的编码是遗传算法中首要考虑的问题,遗传进化算法运算及其效率基本就是由编码决定的。根据设计变量连续和离散的区别,编码分为连续变量的二进制编码和离散变量的二进制编码。

连续变量的二进制编码是将问题的可能解变化为遗传空间中"0"或者"1"的二进制,其串长利用下式表达:

$$\frac{x^U - x^L}{\varepsilon_i} \leqslant 2^\lambda \tag{11.6}$$

式中: x^U 为设计变量边界约束的上界; x^L 为设计变量边界约束的下界; ε_i 为连续设计变量的拟增值; λ 为二进制设计变量时使用的串长。

离散变量的编码过程与连续变量的编码过程基本相同,但是串长需要根据离散变量的个数求出,即 2^λ 大于离散变量的个数。

2. 设计适应度函数

一般而言,适应度函数是由目标函数变化而成的,由于针对 CFRP 钢管珊瑚混凝土受压构件的尺寸优化设计是以经济最优化为目标,即最小值问题,则适应度函数表示为

$$f(x) = -F(X) \tag{11.7}$$

3. 设计遗传操作

遗传操作是模拟自然界中生物基因的操作方法,主要包括以下 3 个遗传算子:选择、交叉和变异。

选择是指选择参加重组和交叉的个体作为父体,并确定父体将产生子代个体的数量。选择过程是根据适应度的值的大小进行的,适应度值的计算方法有按照比例的适应度计算和基于排序的适应度计算。选择是为了从交换的后代群中选出较为优秀的个体。

交叉是指由交换概率挑选的每两个父代通过将相异的部分基因进行交换,从而产生新的个体。交叉的算法根据个体编码方式的差异相互之间也不同。

变异是指交叉后形成的个体基因依据小概率(常取 0.001~0.01)的影响发生变化。变异算法由于个体编码方式之间的差异主要有二进制变异和实值变异两种。

11.3.2　基本微粒群算法

粒子群算法(Particle Swarm Optimization, PSO)是根据鸟群的活动规律建立的群体智能算法的简化模型。与遗传算法相比,PSO 算法也是通过迭代进行计算的优化算法,但是不存在交叉和变异操作,而是将个体视为没有质量和体积的基本微粒,在目标搜索范围中以变动的速度(根据自身以及其他基本微粒的飞行经验速度不断调整)进行搜寻。PSO 算法中对每个问题进行优化求解都可以当作在搜索区域中的一只鸟,并延伸到 S 维的目标搜索空间中。

粒子群算法的基本参数如下:

（1）由 m 个微粒组成粒子群种群；

（2）第 i 个粒子表示的 S 维向量 $\vec{x_i}=(x_{i1},x_{i2},x_{i3},\cdots,x_{is})$；

（3）第 i 个粒子的速度 $\vec{V_i}=(V_{i1},V_{i2},\cdots,V_{is})$；

（4）个体的最优解 $\vec{P_{is}}=(P_{i1},P_{i2},\cdots,P_{is})$；

（5）全局的最优解 $\vec{P_{gs}}=(P_{g1},P_{g2},\cdots,P_{gs})$。

假设目标函数为 $f(x)$，则第 i 个粒子的最优解由下式确定：

$$p_i(t+1)=\begin{cases}p_i(t)\to f(x_i(t+1))\geqslant f(p_i(t))\\x_i(t+1)\to f(x_i(t+1))<f(p_i(t))\end{cases}\qquad(11.8)$$

Eberhart 和 Kennedy 利用下列式子对粒子进行操作

$$v_{is}(t+1)=v_{is}(t)+c_1r_{1s}(t)(p_{is}(t)-x_{is}(t))+c_2r_{2s}(t)(p_{gs}(t)-x_{is}(t))\qquad(11.9)$$

$$x_{is}(t+1)=x_{is}(t)+v_{is}(t+1)\qquad(11.10)$$

式中：$i=[1,m]$，$s=[1,S]$；学习因子 c_1 和 c_2 是非负常数；r_1 和 r_2 相互独立且服从 $[0,1]$ 的均匀分布；$v_{is}\in[-v_{max},v_{max}]$，$v_{max}$ 为用户自行设定的常数。

从上述的进化方程式可以看出，c_1 可以调整粒子寻得自身最优解的步长，c_2 可以调整粒子寻得全局最优解的步长。为了防止进化过程中粒子离开搜索空间，通常将 v_{is} 固定在一个范围之内。

粒子群的算法流程如图 11.3 所示。

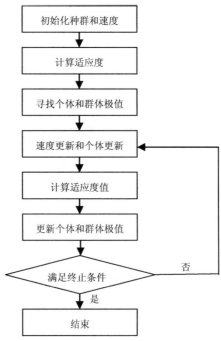

图 11.3　粒子群算法流程图

11.3 3　混合算法

遗传算法虽然对于进行全局寻优计算较为擅长,但是在局部范围内进行搜索时则有较大的不足。现有的研究资料表明当采用遗传算法进行优化时可以较快地接近最优解,但是寻到真正的最优解需要的时间较长;微粒群算法虽然擅长进行局部搜寻,但对于全局的寻优计算搜寻能力较差。为弥补两种算法在寻优计算上的不足,综合两者的优势,构成一种新的混合遗传算法 GA_PSO 算法。

GA_PSO 混合算法利用了 PSO 算法的速率和位置的更新规则,并引入了 GA 算法中的交叉和变异思想,吸收采纳了粒子群算法在局部范围内快速的寻优能力以及遗传算法善于全局寻优的特点,可以提高局部区域的收敛速度,避免了 PSO 算法中经常得到局部最优解的不足,同时解决了 GA 算法在局部区域搜索过程中出现收敛停滞的现象,提高了搜索精度。GA_PSO 混合算法的基本流程如图 11.4 所示。

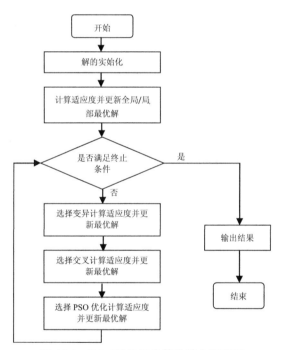

图 11.4　GA_PSO 混合算法基本流程图

GA_PSO 混合算法的步骤如下。

（1）确定交叉 p_c 和变异 p_m 的概率,进化次数和种群规模,粒子的更新速度和学习因子 c_1 和 c_2 的大小,通常 c_1 和 c_2 的取值为 0~4,产生初始的种群以及初始化的速度。

（2）计算种群中每个个体的适应度,根据适应度值的大小得到个体和全局的最佳适应度值,并进行位置和速度的更新,得到新的种群。

（3）对新产生的群体进行交叉和变异操作,得到新的种群。

（4）采用 PSO 优化算法进行个体和群体的最优更新,如果满足计算停止的条件则可以输出结果;若不满足则回到步骤(2)进行新一轮的寻优计算。

书中采用 GA_PSO 混合算法对 CFRP 钢管珊瑚混凝土受压短柱进行截面尺寸优化时，学习因子 c_1 和 c_2 均取 1.50,粒子的更新速度为 3。

利用 Matlab 编制相关的优化算法,对试验中 CFRP 钢管珊瑚混凝土短柱试件进行截面尺寸优化,得到优化后构件的尺寸和经济性能与原实试中构件的经济性能对比结果见表11.2。

表 11.2　经济优化结果

试件编号	承载力	试验方案			优化方案			W_l/W_u
		截面尺寸 $D-t_s$/mm	CFRP 布层数	经济性能 W_u/元	截面尺寸 $D-t_s$/mm	CFRP 布层数	经济性能 W_l/元	
FSC1	679.099	110−2	1	49	125−2.2	0	31	0.63
FSC2	923.693	135−2	1	62	147−2.5	0	42	0.68
FSC3	987.483 2	135−2.5	1	67	149−2.8	0	46	0.69
FSC4	1 051.273	135−3	1	73	155−2.8	0	49	0.67
FSC6	1 200.543	160−2	1	75	168−2.8	0	54	0.72
FSC1(2)	827.715 1	110−2	2	73	137−2.5	0	38	0.52
FSC2(2)	1 106.365	135−2	2	91	160−2.8	0	51	0.56
FSC3(2)	1 170.155	135−2.5	2	97	166−2.8	0	53	0.55
FSC4(2)	1 233.945	135−3	2	103	170−3.0	0	56	0.54

通过表 11.2 可知,对于 CFRP 钢管珊瑚混凝土短柱而言,假如仅考虑材料自身的成本,则钢管珊瑚混凝土不包碳纤维布比外包碳纤维布的成本要低很多,优化后的经济性能与试验中构件经济性能的比值区间为 50%~70%。

但是如果考虑钢材加工制作的成本要大于包裹 CFRP 的成本,且 CFRP 可以提高钢管珊瑚混凝土结构在沿海环境中的防腐性能和减少结构的全寿命周期成本。对于一般的 CFRP 钢管珊瑚混凝土结构而言,令珊瑚混凝土的轴心抗压强度为 f_{ck},钢材的屈服强度为 f_y,碳纤维布的极限抗拉强度为 f_{cf},碳纤维布的厚度为 t_{cf},综合考虑材料自身的成本、运输成本、加工成本以及防腐成本条件下,对于单位长度的 CFRP 钢管珊瑚混凝土,珊瑚混凝土的成本为 V_c,钢管成本为 V_s,CFRP 布的成本为 V_{cf},将上述指标带入目标函数式(11.2)和承载力约束条件式(11.3)得到:

$$W=\pi D_c^2 V_c/4+\pi D_c(t_s V_s+n V_{cf}) \tag{11.11}$$

$$N_0=A_c f_{ck}+1.195\pi D_c(t_s f_y+n t_{cf} f_{cf}) \tag{11.12}$$

将式(11.11)和式(11.12)合并可以得到:

$$W=\pi D_c^2 V_c/4+V_s(N_0-A_c f_{ck})/(1.195 f_y)+n(V_{cf} f_y-t_{cf} f_{cf} V_s)/f_y \tag{11.13}$$

由上式可知:当 $V_{cf} f_y \leqslant t_{cf} f_{cf} V_s$ 时,相同极限承载力条件下,随着 n 的增加,W 减小,CFRP 钢管珊瑚混凝土结构的经济性能优于钢管珊瑚混凝土的经济性能;当 $V_{cf} f_y \geqslant t_{cf} f_{cf} V_s$

时,钢管珊瑚混凝土经济性能较优。若完全采用钢管珊瑚混凝土,则式(11.13)可以简化为

$$W = V_s N_0 / (1.195 f_y) + \pi D_c^2 (1.195 V_c f_y - f_{ck} V_s) / (4.78 f_y) \qquad (11.14)$$

此时,当 $f_{ck} V_s \geqslant 1.195 V_c f_y$ 时,相同极限承载力条件下混凝土的直径越大,经济性能最优;反之,则情况相反。

11.4　本章小结

（1）本章主要对 CFRP 钢管珊瑚混凝土短柱进行了截面的尺寸优化分析,以单元长度的 CFRP 钢管珊瑚混凝土短柱的经济性能作为目标函数,珊瑚混凝土的直径、钢管的壁厚以及外包的 CFRP 层数为变量,考虑了试件的承载力、含钢率以及径厚比等要求,建立了 CFRP 钢管珊瑚混凝土短柱截面尺寸优化的数学模型。

（2）在分析基本遗传算法和基本微粒群算法不足的基础上,综合两种算法的优点,通过 Matlab 编制了 CFRP 钢管单肢受压短柱优化的 GA_PSO 混合算法程序。

（3）通过对试验中的构件尺寸进行截面尺寸优化,并对比分析了试件优化前后的经济性能,验证了优化模型以及优化算法的正确性和有效性。

（4）通过对优化数学模型的分析,得到了不同条件下 CFRP 钢管珊瑚混凝土短柱的截面尺寸优化策略。

第 12 章　后记

12.1　主要结论

本书针对珊瑚骨料混凝土结构工程应用的必要性,首次提出了 CFRP 外包钢管珊瑚混凝土组合构件新型构造形式,并以构件的全过程轴压承载试验结果为基础,对新型组合构件的轴压受力性能与极限承载强度进行了理论解析研究与数值模拟分析,得到以下主要结论。

(1)通过国内外对珊瑚混凝土与 FRP 外包钢管混凝土的研究现状分析,提出了钢管内填珊瑚骨料混凝土,外包 CFRP 布的新型组合结构构造形式,从而实现了珊瑚混凝土的结构化应用,既具备研究和应用的必要性,又具备结构构造形式和技术路径的可行性。

(2)通过对珊瑚砂石与珊瑚混凝土物理力学基本性能的试验研究,一方面,得到了珊瑚砂石的基本物理性能参数,验证了以破碎珊瑚礁石作混凝土骨料的可行性;另一方面,得到了珊瑚混凝土基本力学性能指标,特别是其强度等级能够达到普通混凝土 C40 等级以上,认为以远海岛礁珊瑚骨料配制混凝土,各项力学性能指标均能满足结构基本承载构件的材料性能要求。

(3)通过对约束珊瑚混凝土套箍增强机理的研究,一方面,以珊瑚混凝土三向受压状态的力学性能分析为依据,认为约束珊瑚混凝土类似约束普通混凝土,不同套箍强度条件对核心混凝土轴压强度理论模型的取值条件有一定影响,并提出了约束珊瑚混凝土轴压强度与侧压应力间存在的线性与非线性函数表达式;另一方面,以材料力学性能和套箍强度比较试验结论为依据,认为经钢管套箍约束后,在轴压应力与核心混凝土侧压应力间的关系上,珊瑚混凝土与普通混凝土存在明显差异,并解析得到了套箍约束珊瑚混凝土侧压系数按常数取值的具体数值,为约束珊瑚混凝土套箍强度理论模型的应用提供了计算条件。

(4)通过对圆形截面和方形截面 CFRP 外包钢管珊瑚混凝土短柱的轴压承载试验研究,一方面,掌握了短柱轴压受力过程中的破坏形态与极限承载能力,认为与一般的 CFRP 钢管混凝土短柱受压构件类似,长径比较小的 CFRP 外包钢管珊瑚混凝土短柱构件,其轴压破坏形态具有材料强度破坏的典型特征, CFRP 外包对短柱的承载强度有明显提升;另一方面,分析研究了短柱轴压应力与材料效应变化规律,认为钢管珊瑚混凝土受压构件采取外包 CFRP 布形式要比增加钢管厚度,更能有效提高其轴压承载强度和构件延性,并且试验数据也表明 CFRP 布与钢管在构件的轴压受力过程中,变形协调的一致性较好。

(5)通过对圆形截面 CFRP 外包钢管珊瑚混凝土中长柱轴压承载试验研究,得到了圆形截面的中长柱轴压受力过程中与短柱不同的破坏形态与材料效应的变化规律,一方面,认为中长柱构件的轴压破坏随长细比的增加,破坏形态逐渐从材料强度破坏向受压失稳破坏发展;另一方面,对长细比较大的细长构件外包 CFRP 布,能够明显减小其轴压下的侧向挠度位移,提高轴压稳定承载能力。

(6)通过对 CFRP 外包钢管珊瑚混凝土受压构件的轴压极限承载力进行理论解析研究,基于试验测试数据,采用极限平衡理论,解析得到了圆形和方形截面的短柱轴压极限承载力解析式并进行简化,通过试验数据拟合得到了圆形截面中长柱轴压极限承载力的计算公式,经过试验数据校核验证,认为理论解析式与简化公式的正确性与一致性较好,为构件的设计计算提供了理论依据。

(7)通过对 CFRP 外包钢管珊瑚混凝土柱轴压受力全过程进行非线性数值模拟分析研究,更深入地揭示了构件轴压力学行为的变化规律,以数值模拟结果对比试验与计算结果,数据吻合程度较好,进一步验证了试验结果与理论解析的正确性和一致性。

(8)以经济最优为目标函数,以钢管的壁厚、核心珊瑚混凝土的直径以及外包 CFRP 的层数为变量,以相关规范的要求为约束条件,建立了相应的优化数学模型和优化程序,得到了不同条件下 CFRP 钢管珊瑚混凝短柱的截面尺寸优化策略。

12.2 下一步研究工作

基于工程应用背景,项目提出了 CFRP 外包钢管珊瑚混凝土组合柱构件形式,通过材料基本性能与构件承载强度的试验,完成了 CFRP 外包钢管珊瑚混凝土组合柱轴心受压承载强度的理论研究,并通过非线性有限元方法进行数值模拟加以验证,较全面地掌握了 CFRP 外包钢管珊瑚混凝土柱在轴心受压作用下的静力学性能。着眼未来工程应用,项目研究还有待于进一步深化,具体包括以下方面的深化研究。

(1)珊瑚混凝土作为承载构件材料,试验现象已表明,其材料和构件力学性能与普通碎石混凝土有较大区别,研究发现珊瑚混凝土不论是单调加载条件下的应力应变关系,还是三向受压套箍约束条件下的本构关系,都不同于普通混凝土。因此,需要从珊瑚混凝土受压条件下的骨料微观作用机理入手,对珊瑚混凝土各种受力条件下的本构模型作进一步的深入探究。

(2)以 CFRP 钢管约束管内珊瑚混凝土的构造形式,可以为珊瑚混凝土结构工程应用提供实现途径,理论解析认为受约束的核心珊瑚混凝土套箍增强效果随套箍强度的高低有所区别,并给出了不同条件下的理论解析表达式。受高强套箍因素和实际应用条件的限制,在较高套箍强度条件下,构件的实际承载情况尚不得而知,因此需要后续的试验研究加以验证。

(3)以 CFRP 外包钢管并对管内混凝土密封,理论上可以有助于构件抵抗外界盐雾离子的侵蚀作用,提高构件的耐久性。因此,有必要通过构件的耐久性试验进一步验证此种新型组合构件的耐腐蚀性能。

(4)项目研究完成了 CFRP 外包钢管珊瑚混凝土组合柱构件的轴压静力学性能研究。为满足实际工程应用需要,一方面,有必要针对构件实际应用,进一步开展 CFRP 外包钢管珊瑚混凝土构件在压弯扭等受力状态下的力学性能研究;另一方面,有必要针对结构的特殊用途,进一步开展 CFRP 外包钢管珊瑚混凝土组合构件承受冲击荷载和地震作用下的动力学性能研究。

参 考 文 献

[1]   韦灼彬,高屹. 钢－珊瑚混凝土组合结构研究和应用探讨 [J]. 海军后勤学报，2013
       （2）:4-6.

[2]   YU HONGBING, SUN ZONGXUN, TANG CHENG. Physical and mechanical properties
       of coral sand in the Nansha Islands[J]. Marine science bulletin,2006,8（2）:31-39.

[3]   韦灼彬,高屹,李仲欣. FRP 外包钢管珊瑚混凝土研究 [J]. 海军后勤学报，2014（1）:
       40-42.

[4]   王福军,金钺. 比基尼环状珊瑚岛上的珊瑚混凝土 [J]. 国外建筑与城乡建设，1992
       （3）:48-54.

[5]   UFC 3-440-05N, UNIFIED FACILITIES CRITERIA（UFC）-TROPICAL ENGINEER-
       ING[S]. 2004.

[6]   HOWDYSHELL P A. The use of coral as aggregate for portland cement concrete struc-
       tures[R]. Illinois：Construction Engineering Research Lab,1974.

[7]   EHLERT R A. Coral concrete at Bikini Atoii[J]. Concrete International,1991（1）:19-24.

[8]   ARUMUGAM R A，RAMAMUTHY K. Study of compressive strength characteristics of
       coral aggregate concrete[J]. Magazine of concrete research,1996,48（9）:141-148.

[9]   王以贵. 珊瑚混凝土在港工中应用的可行性 [J]. 水运工程,1988（9）:46-47.

[10]   陈兆林,孙国峰,唐筱宁,等. 岛礁工程海水拌养珊瑚礁、砂混凝土修补与应用研究 [J].
       海岸工程,2008（4）:60-69.

[11]   陈兆林,陈天月,曲勋明. 珊瑚礁砂混凝土的应用可行性研究 [J]. 海洋工程，1991，9
       （3）:67-80.

[12]   LI GANXIAN，LU BO. Vertical sound velocity transition in the coral reef core and its sig-
       nificance of indicating facies[J]. Marine science bulletin,2002,4（1）:19-26.

[13]   卢博,李起光,黄韶健. 海水－珊瑚砂屑混凝土的研究与实践 [J]. 广东建材,1997（4）:
       8-10.

[14]   李林,赵艳林,吕海波,等. 珊瑚骨料预湿对混凝土力学性能的影响 [J]. 混凝土，2011
       （1）:85-86.

[15]   王磊,赵艳林,吕海波. 珊瑚骨料混凝土的基础性能及研究应用前景 [J]. 混凝土，2012
       （2）:99-100.

[16]   赵艳林,韩超,张栓柱,等. 海水拌养珊瑚混凝土抗压龄期强度试验研究 [J]. 混凝土，
       2011（2）:43-45.

[17]   韩超. 海水拌养珊瑚混凝土基本力学性能试验研究 [D]. 南宁:广西大学,2011.

[18] 李林. 珊瑚混凝土的基本特性研究 [D]. 南宁：广西大学, 2012.

[19] 张栓柱. 珊瑚混凝土的疲劳特性及微观机理研究 [D]. 南宁：广西大学, 2012.

[20] 王磊, 范蕾. 珊瑚碎屑混凝土的强度特性及破坏形态分析 [J]. 混凝土与水泥制品, 2015（1）：1-4.

[21] 王磊, 邓雪莲, 王国旭. 碳纤维珊瑚混凝土各项力学性能试验研究 [J]. 混凝土, 2014（8）：88-91.

[22] 王磊, 刘存鹏, 熊祖菁. 剑麻纤维增强珊瑚混凝土力学性能试验研究 [J]. 河南理工大学学报（自然科学版）, 2014, 33（6）：823-830.

[23] 王磊, 熊祖菁, 刘存鹏, 等. 掺入聚丙烯纤维珊瑚混凝土的力学性能研究 [J]. 混凝土, 2014（7）：96-99.

[24] 孙宝来. 硅灰增强珊瑚混凝土力学性能试验研究 [J]. 低温建筑技术, 2014（8）：12-14.

[25] AMUDHAVALLI N K, MATHEW J. Effect of silica fume on strength and durability parameters of concrete[J]. International journal of engineering sciences & emerging technologies, 2012, 3（1）：28-35.

[26] 余强, 姜振春. 浅析西沙某岛海水－珊瑚礁砂混凝土的耐久性问题 [J]. 施工技术, 2013, 42（s1）：258-260.

[27] 李林, 赵艳林, 吕海波. 珊瑚骨料混凝土力学性能的影响因素研究 [J]. 福建建材, 2011（1）：10-11.

[28] 潘柏州. 浅谈钢－珊瑚混凝土组合结构和其应用前景 [C]. 天津：第十三届全国现代结构工程学术研讨会, 2013：1370-1380.

[29] 潘柏州, 韦灼彬. 原材料对珊瑚砂混凝土抗压强度影响的试验研究 [J]. 工程力学, 2015, 32（s1）：221-225.

[30] LAWRENCE C B, DUSHYANT A. Analysis of Rc beams strengthened with mechanically fastened FRP（Mf-FRP）strips[J]. Composite structures, 2007, 79（2）：180-191.

[31] HAKAN N, BJORN T. Concrete beams strengthed with prestressed near surface mounted CFRP[J]. Journal of composites for construction, 2006, 10（1）：60-68.

[32] ALAMPALLI S. Field performance of an FRP slab bridge[J]. Composite structures, 2006, 72（4）：494-502.

[33] ALURI S, JINKA C. Dynamic response of three fiber reinforced polymer composite bridges[J]. Journal of bridge engineering, 2005, 10（6）：722-730.

[34] GERARD V E, CRAIG C, HELDT T. Fiber composite structures in Australia's civil engineering market：an anatomy of innovation[J]. New materials in construction, 2005（7）：150-160.

[35] 赵彤, 谢剑. 碳纤维布补强加固混凝土结构新技术 [M]. 天津：天津大学出版社, 2001.

[36] DAVOL A, BURGUENO R, SEIBLE F. Flexural behavior of circular concrete filled FRP shell[J]. Journal of structural engineering, ASCE, 2001, 127（7）：810-817.

[37] FAM A, COLE B, MANDAL S. Composite tubes as an alternative to steel spirals for concrete members in bending and shear[J]. Construction and building materials, Elsevier, 2007,21(2):347-355.

[38] BRITTON C, AMIR F. Flexural load testing of concrete-Filled FRP tube with longitudinal steel and FRP rebar[J]. Journal of composites for construction,2006,10(2):161-171.

[39] AHMAD I, ZHU Z. Behavior of short and deep beams made of concrete-filled fiber-reinforced polymer tubes[J]. Journal of composites for construction,2008,12(1):102-110.

[40] HAMDY M, RADHOUANE M. Behavior of FRP tubes-encased concrete columns under concentric and eccentric loads[J]. Composites & polycon,2009(1):15-17.

[41] IVORRA S,GARCES P,CATALA G,et al. Effect of silica fume particle size on mechanical properties of short carbon fiber reinforced concrete[J]. Materials & design, 2010, 31(3):1553-1558.

[42] WANG S S, ZHANG M H, QUEK S T. Mechanical behavior of fiber-reinforced high-strength concrete subjected to high strain-rate compressive loading[J]. Construction and building materials,2012(31):1-11.

[43] WEN SIHAI, CHUNG D D L. Uniaxial tension in carbon fiber-reinforced cement sensed by elections[J]. Cement and concrete research,2000,30(8):1289-1294.

[44] 李为民,许金余. 玄武岩纤维对混凝土的增强和增韧效应 [J]. 硅酸盐学报，2008，25(2):135-142.

[45] 朱靖塞,许金余,罗鑫,等. 碳纤维增强地聚物混凝土韧性评价指标的对比研究 [J]. 建筑材料学报,2014,17(2):303-308.

[46] HUANG JING, WEI ZHUOBIN, GAO YI. Application research on the new GFRP members based modified behavior used in building[C]. 13th International Conference on Non-Conventional Materials and Technologies. Changsha: Trans Tech Publications Ltd, 2012:910-914.

[47] GAO YI, WEI ZHUOBIN, HUANG JING. Finite element analysis and bearing capacity research of the new GFRP strengthening frame members based modified behavior[C]. 13th International Conference on Non-Conventional Materials and Technologies. Changsha: Trans Tech Publications Ltd,2012:910-914.

[48] 韦灼彬,黄静,方奇. 基于背景景观特性分析的植被伪装效果评价方法 [J]. 解放军理工大学学报(自然科学版),2014,15(1):51-55.

[49] JONGSUNG S, CHEOLWOO P, DOYOUNG M. Characteristics of basalt fiber as a strengthening material for concrete structures[J]. Composite Part B Eng, 2005(1): 252-254.

[50] SERGEEV V P,CHUVASHOV Y N,GALUSHCHAK O V,et al. Basalt fibers-a reinforcing filler for composites[J]. Powder metallurgy and metal ceramics,1995(9):555-557.

[51] 熊智文. 玄武岩纤维增强混凝土动、静态力学性能研究 [D]. 南昌:华东交通大学,2010.

[52] 蔡绍怀. 我国钢管混凝土结构技术的最新进展 [J]. 土木工程学报,1999,32(4):16-26.

[53] 蔡绍怀. 论钢管混凝土在桥梁工程中的应用 [M]. 天津: 天津大学出版社, 1990.

[54] 陈宝春. 钢管混凝土拱桥发展综述 [J]. 桥梁建设,1997(2):8-13.

[55] 陈宝春. 钢管混凝土拱桥应用与研究进展 [J]. 公路,2008(11):57-66.

[56] 任宏伟,李秋明,严珊. 浅谈钢管混凝土结构的研究进展及发展期望 [J]. 科技资讯,2015(2):82-84.

[57] 王吉忠,刘连鹏,叶浩. 钢管 - 混凝土组合柱在我国的研究进展与展望 [J]. 水利与建筑工程学报,2014,12(4):143-149.

[58] 360-05 AISC ,Specification for Structural Steel Buildings[S]. Chicago:American Institute of Steel Construction,2005.

[59] 马欣伯,张素梅. 美国 AISC-LRFD(99)钢管混凝土构件承载力设计方法 [J]. 工业建筑,2004,34(2):61-64.

[60] 马欣伯,张素梅. 欧洲 Eurocode4(94)钢管混凝土构件承载力设计方法 [J]. 工业建筑,2004,34(2):65-68.

[61] 马欣伯,张素梅,孙玉平. 日本 AIJ 钢管混凝土构件承载力设计方法 [J]. 工业建筑,2004,34(2):69-74.

[62] 韦灼彬,刘锡良. 钢管陶粒混凝土在网架结构上的应用 [J]. 钢结构, 1994, 9(3): 211-214.

[63] GJB 4142—2000,战时军港抢修早强型组合结构技术规程 [S]. 北京:中国人民解放军总后勤部,2000.

[64] GJB 832A—2012,军事工程战时抢修组合结构技术规程 [S]. 北京:中国人民解放军总后勤部,2012.

[65] CECS 254: 2012,实心与空心钢管混凝土结构技术规程 [S]. 北京:中国计划出版社,2012.

[66] CECS 28:2012,钢管混凝土结构设计与施工规程 [S]. 北京:中国计划出版社,2012.

[67] GB 50936—2014,钢管混凝土结构技术规范 [S]. 北京:中国建筑工业出版社,2014.

[68] MICHAEL V S, JEFFREY A P. FRP materials for the rehabilitation of tubular steel structures for underwater applications[J]. Composite structures,2007(80):440-450.

[69] KARIMI K, MICHAEL J T, WAEL W. EL-D. Testing and modeling of a novel FRP-encased steel-concrete composite column[J]. Composite structures,2010(93):1463-1473.

[70] PRABHU G G, SUNDARRAJA M C. Behaviour of concrete filled steel tubular(Cfst) short columns externally reinforced using CFRP strips composite[J]. Construction and building materials,2013(47):1362-1371.

[71] SUNDARRAJA M C,PRABHU G G. Experimental study on CFST members strengthened by CFRP composites under compression[J]. Journal of constructional steel research, 2011,

72:75-83.

[72] YUA T，ZHANG B，CAO Y B, et al. Behavior of hybrid FRP-concrete-steel double-skin tubular columns subjected to cyclic axial compression[J]. Thin-walled structures，2012，61:196-203.

[73] FANGGI B A L，OZBAKKALOGLU T. Compressive behavior of aramid FRP-hsc-steel double-skin tubular columns[J]. Construction and building materials，2013，48(1): 554-565.

[74] HASSANEINA M F，KHAROOB O F，LIANG Q Q. Behaviour of circular concrete-filled lean duplex stainless steel-carbon steel tubular short columns[J]. Engineering structures，2013,56(1):83-94.

[75] 王庆利,赵颖华. 碳纤维－钢管混凝土结构的研究设想 [J]. 吉林大学学报（工学版），2003,33(s1):352-355.

[76] CHE YUAN，WANG QINGLI，SHAO YONGBO. Compressive performance of the concrete filled circular CFRP-steel tube(C-CFRP-CFST)[J]. Internationl journal of advanced steel construction,2012,8(4):311-338.

[77] 王庆利,车媛,谭鹏宇,等. CFRP 钢管混凝土结构进展与展望 [J]. 工程力学，2010，27 (S2):48-60.

[78] 王庆利,陈星宇,张芝润. 碳纤维增强方钢管混凝土压弯构件的静力性能（Ⅰ）:试验研究与有限元模拟 [J]. 工业建筑,2014,44(7):141-145.

[79] 王庆利,李佳,赵维娟. 方形截面碳纤维增强聚合物－钢管混凝土轴压柱承载力分析 [J]. 建筑结构学报,2013,34(S1):274-280.

[80] 王庆利,张芝润,陈星宇. 碳纤维增强方钢管混凝土压弯构件的静力性能（Ⅱ）:机理分析与承载力 [J]. 工业建筑,2014,44(7):146-150.

[81] 王庆利,赵维娟,李佳. 方形截面碳纤维增强聚合物－钢管混凝土轴压柱的静力试验 [J]. 建筑结构学报,2013,34(S1):267-273.

[82] 陈忱,赵颖华. FRP 钢管混凝土构件抗冲击性能仿真分析 [J]. 振动与冲击，2013，32 (19):197-201.

[83] 付美. CFRP 钢管混凝土构件力学性能分析 [D]. 大连:大连海事大学,2008.

[84] 顾威. CFRP 钢管混凝土柱的力学性能研究 [D]. 大连:大连海事大学,2007.

[85] 顾威,赵颖华. CFRP 钢管混凝土长柱轴压试验研究 [J]. 土木工程学报,2007,40(11): 23-28.

[86] TAO ZHONG，HAN LINHAI. Behaviour of fire-exposed concrete-filled steel tubular beam columns repaired with CFRP wraps[J]. Thin-walled structures,2007,45:63-76.

[87] TAO ZHONG，HAN LINHAI，WANG LINGLING. Compressive and flexural behaviour of CFRP-repaired concrete-filled steel tubes after exposure to fire[J]. Journal of constructional steel research,2007,63:1116-1126.

[88]　庄金平,陶忠,韩林海. FRP加固钢管混凝土柱的应用探讨 [C]. 中国钢结构协会钢 - 混凝土组合结构分会第十次年会. 哈尔滨:《哈尔滨工业大学学报》编辑部,2005:202-205.

[89]　樊晶. FRP约束钢管混凝土柱承载力研究 [D]. 西安:长安大学,2007.

[90]　栾波. 钢管混凝土短柱火灾后力学性能研究 [D]. 沈阳:沈阳建筑工程学院,2004.

[91]　王茂龙,刘明,朱浮声. CFRP加固高温后圆钢管混凝土结构轴压力学性能分析 [J]. 东北大学学报(自然科学版),2006,27(12):1381-1384.

[92]　XIAO YAN. Application of FRP composites in concrete columns[J]. Advances in structural engieering,2004,7(4):335-343.

[93]　梁炯丰,郭立湘. FRP钢管再生混凝土柱的性能与分析 [M]. 武汉:武汉大学出版社,2014:9-10.

[94]　TENG J G,YU T,WONG Y L, et al. Hybrid FRP-concrete-steel tubular columns:concept and behavior[J]. Construction and building materials,2006(21):846-854.

[95]　翟存林,魏洋,李国芬,等. FRP-钢复合管混凝土桥墩设计与应用研究 [J]. 公路, 2012(1):83-87.

[96]　孙宗勋. 南沙群岛珊瑚砂工程性质研究 [J]. 热带海洋,2000,19(2):1-8.

[97]　潘柏州. 珊瑚骨料混凝土配合比设计及基本力学性能试验研究 [D]. 武汉:海军工程大学,2014.

[98]　李亚文,韩蔚田. 南海海水等温蒸发试验研究 [J]. 地质科学,1995,30(3):233-239.

[99]　胡曙光,王发洲. 轻集料混凝土 [M]. 北京:化学工业出版社,2006.

[100]　中华人民共和国建设部,国家质量监督检验检疫总局. 普通混凝土力学性能试验方法标准:GB/T 50081—2002[S]. 北京:中国建筑工业出版社,2002.

[101]　陈肇元,朱金丝,吴佩刚. 高强混凝土及其应用 [M]. 北京:清华大学出版社,1992.

[102]　应宗权,杜成斌,孙立国. 基于随机骨料数学模型的混凝土弹性模量预测 [J]. 水力学报,2007,38(8):933-937.

[103]　李唐樑,张开银,梅逸飞,等. 混凝土材料弹性模量快速识别技术 [J]. 武汉理工大学学报(交通科学与工程版),2013,37(6):1334-1337.

[104]　戴自强. 约束混凝土强度和变形的试验研究 [J]. 天津大学学报,1984(4):16-24.

[105]　宋玉普,刘浩. 混凝土率型内时损伤本构模型 [J]. 计算力学学报, 2012, 29(4):589-593.

[106]　袁文伯. 极限平衡法结构承载力计算 [M]. 北京:建筑工程出版社,1958.

[107]　蔡绍怀,焦占拴. 钢管混凝土短柱基本性能和强度计算 [J]. 建筑结构学报, 1984, 5(6):13-29.

[108]　蔡绍怀. 现代钢管混凝土结构:修订版 [M]. 北京:人民交通出版社,2007:39.

[109]　国家工业建筑诊断与改造工程技术而研究中心. 碳纤维片材加固混凝土结构技术规程:CECS 146:2003[S]. 北京:中国计划出版社,2003.

[110] 钟善桐. 钢管混凝土统一理论的研究与应用 [M]. 北京:清华大学出版社,2006:78.

[111] 蔡绍怀. 钢管混凝土长柱性能与强度计算 [J]. 1985(1):32-40.

[112] 孙潇,韦灼彬,高屹. 海水拌养珊瑚骨料混凝土配合比试验研究 [J]. 四川建筑, 2016, 1(36):204-206.

[113] GB/T 17431.1—2010,轻集料及其试验方法第1部分:轻集料 [S]. 北京:中国建筑工业出版社,2010.

[114] GB/T 17431.2—2010,轻集料及其试验方法第2部分:轻集料试验方法 [S]. 北京:中国建筑工业出版社,2010.

[115] GB/T 228.1—2010,金属材料拉伸试验 [S]. 北京:中国建筑工业出版社,2010.

[116] GB 50936—2014,钢管混凝土结构技术规范 [S]. 北京:中国建筑工业出版社,2014.

[117] 高屹,黄静. 钢管珊瑚混凝土短柱轴压性能试验研究 [J]. 后勤工程学院学报, 2017, 33(03):9-13.

[118] 赵均海,杜文超,张常光.CFRP-方钢管混凝土轴压短柱承载力分析 [J]. 建筑科学与工程学报,2015,32(06):30-35.

[119] 吴鹏,赵均海,李艳,等. 方钢管混凝土短柱轴压极限承载力研究 [J],四川建筑科学研究,2013,39(03):8-13.

[120] 蔡绍怀. 现代钢管混凝土结构 [M]. 北京:人民交通出版社,2003.

[121] 过镇海. 钢筋混凝土原理 [M]. 北京:清华大学出版社,2013.

[122] 王庆利,赵颖华,顾威. 圆截面CFRP-钢复合管混凝土结构的研究 [J]. 沈阳建筑工程学院学报(自然科学版),2003,4(19):272-274.

[123] 冯增云.CFRP钢管珊瑚混凝土短柱有限元分析及优化研究 [D]. 海军工程大学,

[124] 过镇海,时旭东. 钢筋混凝土原理和分析 [M]. 北京:清华大学出版社,2003:21.

[125] 刘威,韩林海. 中国钢结构协会钢-混凝土组合结构分会第十次年会 [Z]. 哈尔滨:《哈尔滨工业大学学报》编辑部,2005:166-169.

[126] 江见鲸,陆新征,叶列平. 混凝土结构有限元分析 [M]. 北京:清华大学出版社,2005.